Peter Beyersdorf

BEST in SHOW

Hunde erfolgreich ausstellen

© 2012 KYNOS VERLAG Dr. Dieter Fleig GmbH
Konrad-Zuse-Straße 3 • D-54552 Nerdlen/Daun
Telefon: +49 (0) 6592 957389-0
Telefax: +49 (0) 6592 957389-20
www.kynos-verlag.de

Bildnachweis
Titelbild: Gabriele Metz,
Alle Fotos innen:
VDH Bildarchiv (Olaf Heil, Ekkard Reinsch, Achim Meurer) folgende Seiten: 19, 20, 22–31, 33, 39, 43, 45, 60, 61, 66, 67, 76–79, 85 (oben), 91, 95, 100, 107, 109, 111, 112, 118–120);
Gabriele Metz folgende Seiten: 16, 21, 44, 48, 52, 80–83, 85 (unten), 87, 90, 93, 101, 104–106, 110, 113 und Gerhard Beyersdorf die Seiten: 36, 38, 56, 57, 58.

Gedruckt in Lettland

ISBN 978-3-942335-85-0

Inhaltsverzeichnis

Über den Autor

Dr. Peter Beyersdorf ist seit 1980 Spezialrichter und ist im Laufe der Zeit für die FCI-Gruppen 6, 7 und 8 ausgebildet und ernannt worden. Er ist Spezialrichter für die Spanielrassen sowie für Rhodesian Ridgeback und Kooikerhondje. Er war 31 Jahre lang Landesgruppenleiter und 22 Jahre lang Präsident des Jagdspanielklubs, von 1991 bis 2006 war er Vorstandsmitglied im VDH. Zusammen mit seiner Frau züchtet er Cocker Spaniel im Zwinger »Snoopy's«.

VORWORT

Dieses Buch zu schreiben war ein lange gehegter Wunsch. Ich habe mich darauf gefreut, ohne zu wissen, was wirklich auf mich zukommen würde. Und im Laufe des gedanklichen Entwickelns und schon beim Schreiben der beiden ersten Kapitel wurde mir klar, dass es eigentlich ein dicker Wälzer werden müsste, wollte ich alles, was mir dazu einfiele, auch wirklich zu Papier bringen. Wer würde das lesen, und wo lägen die Grenzen des »Zumutbaren«? Wie reichlich sollte dieses Buch bebildert sein? Seit Jahren ist ja bekannt, wie wichtig die Illustration für den Verkauf eines Sachbuches geworden ist.

Ohne die Unterstützung von Udo Kopernik, Vorstandsmitglied des Verbands für das Deutsche Hundewesen (VDH), mit dem ich mich seit 20 Jahren freundschaftlich verbunden fühle, wäre »Best in Show« nicht zu schaffen gewesen. Er hat mir die Gelegenheit gegeben, auf das Bildarchiv des VDH zuzugreifen, um so die Vielseitigkeit des heutigen Ausstellungswesens reproduzieren zu können. Und er hat mir darüber hinaus einen entscheidenden Tipp gegeben.

Denn ausdrücklich und von ganzem Herzen habe ich Frau Gabriele Metz zu danken. Unter nicht geringem Zeitaufwand hat sie atmosphärisch dichte und auf die wichtigen Details fokussierte Fotos geschossen. Nicht zuletzt das eindrucksvolle Titelbild drückt genau das aus, was ich mir vorgestellt hatte. Ich habe mich gefreut, dass der Verlag gerade dieses Bild ausgewählt hat.

Frau Gisela Rau, Geschäftsführerin des Kynos Verlags und zugleich Lektorin dieses Buches, danke ich für die dauernde konstruktive Begleitung »unseres« Projekts. Ihre Anregungen habe ich gerne umgesetzt. In lebhafter Erinnerung wird mir unsere nahezu komplett schriftlich geführte Diskussion über den Titel des Buches bleiben.

Schließlich danke ich meiner Frau für ihre geduldige Hilfe beim für mich gelegentlich etwas schwierigen Umgang mit PC-Programmen; ich habe gelernt, dass der Computer tatsächlich Zeit sparen hilft!

Petersaurach, August 2012
Dr. Peter Beyersdorf

Zum GELEIT

Bevor es zur Ausstellung geht, werden die Protagonisten ordentlich herausgeputzt. Es ist zwar nicht »waschen, legen, föhnen«, aber ein wenig an einen Friseurbesuch erinnert es schon, auch wenn die verwendeten Werkzeuge nicht immer die gleichen sind. Da kommt schon einmal der Hochdruckreiniger vor Rasierer, Schere, Kamm und Bürste zum Einsatz. Und für den Glanz im Haar ist es dann nicht Gel, sondern dafür sorgt profaner Spiritus. Die sind schon verrückt, die Hundeaussteller? Nein, hier wurde eine Holstein-Kuh für ihren Auftritt bei der Kreistierschau vorbereitet. Auch wenn die Milchleistung sicher bei der schwarz-weißen Milchkuh im Vordergrund steht, wünschen sich die Züchter dieser weltweit beliebten und erfolgreichen Rasse auch einen funktionalen Körperbau, der Voraussetzung für die Leistung ist. Das steht bei Hunde-Ausstellungen auch im Vordergrund.

Es gibt also durchaus Parallelen zwischen verschiedenen Tierausstellungen, denn hier wie dort findet ein Wettbewerb statt. Die Regeln sind jedoch andere. Während bei den Rindern die Zuchtrichter zu jedem Tier auch die Informationen über Abstammung und die Menge der gemolkenen Milch kennen, dürfen die Zuchtrichter auf einer Hunde-Ausstellung keinen Einblick in den Ausstellerkatalog nehmen, um ein möglichst unabhängiges Urteil fällen zu können. Und wenn auf der Hunde-Ausstellung die nach Geschlechtern getrennten und in Klassen eingeteilten Hunde einer Rasse gemeinsam in einem Ring in Konkurrenz stehen, kann auch der Zuschauer verfolgen, wer eine gute Figur macht. Bei Katzen-Schauen hingegen findet die Bewertung in einem separaten Raum unter Ausschluss der Öffentlichkeit statt. Ein Pferdezüchter, der sich zu den Hunden verläuft oder auch gezielt die Veranstaltung besucht, weil er sich einen Hund anschaffen möchte, wird enttäuscht fragen, warum an den Boxen keine Verkaufspreise der ausgestellten Hunde zu finden sind?

Will man Enttäuschungen vermeiden, weil falsche Erwartungen nicht erfüllt werden oder weil man dem Geschehen nicht folgen kann, sollte eine gewisse Regelkenntnis vorhanden sein. Da unterscheiden sich zum Beispiel Sportarten gar nicht so sehr von den Vorgängen auf Hunde-Ausstellungen. Wer sogar »mitspielen« möchte, kommt an der Regelkunde und den in der Szene gegebenen Gepflogenheiten nicht vorbei. Da hilft es, wenn man in den rechtlichen Rahmen, den es auch für Hunde-Ausstellungen gibt, ein wenig Einblick genommen hat. Diesen Rahmen stecken Ordnungen. Die lesen sich genau so, wie wir es von derartigen Regelwerken erwarten und stellen somit nicht unbedingt die Lektüre dar, die Lust darauf wecken mag, eine Hunde-Ausstellung als Besucher zu erleben oder gar selber seinen Hund dort auszustellen, am Wettbewerb teilzunehmen.

Da fehlt eindeutig die Leidenschaft. Die kommt dann in diesem Buch ins Spiel. Peter Beyersdorf bringt dabei die besten Voraussetzungen mit, Anfängern und Fortgeschrittenen das Rüstzeug für Besuch und Teilnahme an einer Ausstellung an die Hand zu geben. Als Journalist und langjähriger Nachrichtenchef eines großen deutschen Radiosenders besitzt er die Fähigkeit, das Wesentliche zu erkennen und auf den Punkt zu bringen. Dann ist er seit einigen Jahren als Züchter aktiv und war lange Zeit Aussteller einer Jagdhund-Rasse, die sowohl in der Welt der Ausbildung als auch bei Leistungsprüfungen zu Hause ist und deren Vertreter im Schauring eine gute Figur machen: Cocker Spaniel. Und er kennt die andere Seite ebenfalls genau, denn er greift auf einen enormen Erfahrungsschatz als Zuchtrichter für zahlreiche Rassen und als Gruppenrichter für die FCI-Gruppen 6, 7 und 8 zurück (Was sich dahinter verbirgt, erklärt er ebenfalls in diesem Buch). Der Autor weiß also, worauf es ankommt und er gibt dies in diesem Buch offen weiter. Zwischen den Zeilen wird überdies deutlich, worin neben der Erfahrung und seinem Sachverstand die besondere Qualität und die Stärke des Autors zu finden sind. Peter Beyersdorf ist ein Mann, der die Menschen liebt und er ist ein Mensch, der die Hunde liebt. Dies erzeugt Respekt und so kann ich ihn nur unterstützen, wenn er so nachhaltig wünscht, dass ein Hunde-Aussteller genau so seinen Hund präsentiert: respektvoll – seinen mentalen und physischen Qualitäten angemessen. Das kann man lernen und dieses Buch hilft dabei.

Ich wünsche diesem Ratgeber viel Erfolg und aufmerksame Leser. Er hilft dabei, eine Welt zu erschließen, die viel mehr darstellt, als es Vorurteile vermuten lassen – wenngleich es auch Facetten zu entdecken gibt, die genau diese Vorurteile bedienen. So wie Kreistierschauen heute auch nicht mehr mit denen vergangener Jahrzehnte zu vergleichen sind, haben sich auch die Hunde-Ausstellungen weiter entwickelt. Dem Besucher bieten sie neben dem Überblick über die reiche Vielfalt der Rassehunde heute Information, Unterhaltung und Einkaufsangebote. Die aktiven Teilnehmer erleben ihre Ausstellung heute auch anders als noch vor 20 oder 30 Jahren. Mensch und Hund sind sich näher gekommen. So ähneln Ausstellungen heute – gleich ob die kleine Spezial-Ausstellung oder der große internationale Termin – ein wenig dem Leben auf dem Dorfplatz oder besser: dem Treffen auf der Hundewiese. Man richtet sich rund um die Ringe ein und trifft Menschen und Hunde, die dieses eine Interesse teilen. Dabei entstehen soziale Netzwerke – nicht in einer digitalen Welt sondern im richtigen Leben. Wenn gleich nach dem Auseinandergehen durchaus moderne Kommunikationsmittel helfen, lieb gewordene Kontakte zu pflegen und neue zu vertiefen – bis zur Begegnung auf der nächsten Ausstellung. Wer dann Peter Beyersdorfs Buch gelesen hat, kann dort vielleicht selbst seinen Freunden mit ein paar guten Tipps helfen oder ratlosen Zuschauer erläutern, was gerade geschieht und welche Entscheidungen im Ring vorbereitet werden.

Udo Kopernik
Vorstandsmitglied des
Verbands für das Deutsche Hundewesen e.V (VDH)

Kapitel 1

Einführung

Hundeausstellungen sind keine neuzeitliche Erfindung. Es gibt sie in organisierter Form seit der Mitte des 19. Jahrhunderts und ihren Ursprung haben sie, wie könnte es anders sein, in England. Interessanterweise fallen die ersten Ausstellungen in die Zeit, als in England die blutigen Hundekämpfe verboten wurden. So wurde für Züchter und Besitzer eine andere, unblutige Möglichkeit geschaffen, die Qualität von Hunden zu vergleichen.

England war immer und ist heute noch »das« Ausstellungsland, die Zahl der jährlichen Veranstaltungen ist kaum überschaubar, sie finden nicht nur am Wochenende statt, sondern häufig auch unter der Woche. Die »Crufts«, die alljährlich im März stattfindende weltweit

Die größte britische Hundeaustellung »Crufts« feierte 2011 ihr 120-jähriges Bestehen.

größte Ausstellung mit Meldeergebnissen von inzwischen mehr als zwanzigtausend Hunden, zieht die Hundefreunde aus aller Herren Länder an.

Auch auf dem europäischen Kontinent grassierte schon Ende des 19. Jahrhunderts das Ausstellungsfieber. Nachdem die organisierte Zucht von Rassehunden begonnen hatte, waren für die Züchter Ausstellungen die logische Folge, sie boten die Gelegenheit, ihre Hunde mit den Zuchtprodukten Anderer zu vergleichen. 1863 fanden erste größere Hundeausstellungen in Deutschland und in Österreich statt, 1881 hatte auch die Schweiz Premiere. In einer Zeitspanne von rund 150 Jahren haben sich dann Hundeausstellungen weltweit etabliert. Unter dem Dach der FCI (Fédération Cynologique Internationale) haben zahlreiche nationale Verbände (in Deutschland ist es der VDH, Verband für das Deutsche Hundewesen) das Ausstellungswesen immer mehr perfektioniert und professionalisiert. Nach wie vor gilt aber die Erkenntnis, dass Hundeausstellungen die einzige Möglichkeit sind, bei der Züchter, aber längst nicht mehr nur sie, gegeneinander und miteinander in einen Wettbewerb treten können. Rassehundezucht und Ausstellungen gehören daher logischerweise eng zusammen.

Dieses Buch soll ein Ratgeber sein für alle, die mit ihrem Hund/en Ausstellungen besuchen wollen. Was ist zu wissen, zu beachten, um sich im Trubel beispielsweise einer Internationalen Ausstellung zurechtzufinden, was kommt auf den Vierbeiner und seinen Besitzer zu, wie kann man es sich selbst und dem Hund ein wenig leichter machen? Welche Art von Ausstellung besucht man sinnvollerweise als Anfänger, wie kommt man überhaupt dorthin – es sind viele Fragen, die zu beantworten sich dieses Buch zur Aufgabe macht. Es soll also ein praxisorientiertes Buch sein, das den Anspruch erhebt, den Leser möglichst umfassend über die Ausstellungswelt und ihre Besonderheiten zu informieren.

Das Buch soll indessen nicht nur dem Ausstellungsneuling helfen. Auch der »Fortgeschrittene« soll Informationen erhalten, wie er das eine oder das andere noch besser machen kann, um sich vielleicht einmal einem Zustand zu nähern, den man dann als »perfektes Handling« bezeichnen könnte. In diesem Bereich gehört Deutschland immer noch zu den Entwicklungsländern. Es gibt erheblichen Nachholbedarf, was das Show-Handling betrifft, und die Defizite werden deutlich, wenn etwa skandinavische oder auch italienische und russische Aussteller zu unseren Schauen kommen und ihre Hunde präsentieren. Frank Kane, der hoch geschätzte Allgemeinrichter aus England, hat einmal bemerkt, dass es in Deutschland sehr viele schöne und typvolle Hunde gebe, aber wenig Aussteller, die sie richtig vorführen und ihre Vorzüge zur Geltung bringen könnten.

Dafür werden in diesem Buch Anregungen und Tipps gegeben – auch, wie man manches zuhause üben kann, immer mit dem Ziel, sich irgendwann zusammen mit seinem Hund gut im Ring zu bewegen. Seit in Deutschland das Junior Handling (Ausstellungswettbewerb für Jugendliche) mit der ihm gebührenden Ernsthaftigkeit betrieben wird, gibt es auch hierzulande mehr ausgebildete Aussteller. In anderen Ländern sind viele heute erwachsene Aussteller früher Junior-Handler gewesen und haben das Gelernte in die Schaupraxis eingebracht. Das sind Aussteller, die dem Richter Freude bereiten, denn sie beherrschen es, ihren Hund mit all seinen Vorzügen zu präsentieren; ein vorteilhaft gezeigter Hund hat bei der Bewertung immer bessere Aussichten auf ein gutes Abschneiden.

Da der Verfasser selbst auf eine lange Ausstellerpraxis zurückblicken kann und später als Zuchtrichter viel Gelegenheit hatte, gutes und weniger gutes Handling zu erleben, ist sozusagen ein Buch »aus der Praxis für die Praxis« entstanden. Es möge allen ein Gewinn sein, die sich für dieses immer wieder faszinierende Hobby begeistern.

Optimal dem Richter vorgestellt.

Kapitel 2

Hundeausstellungen heute

Einige Informationen sind für Sie notwendig, um das Projekt Hundeausstellungen in seiner ganzen Vielfalt zu verstehen, denn es hat sich vieles verändert im Laufe der Jahre und der Jahrzehnte.

In der Vergangenheit waren Hundeausstellungen, die einstmals Zuchtschauen hießen, ausschließlich dazu da, den Stand und die Qualität der Zucht zu dokumentieren. Sie galten in einem enger gefassten Verständnis als das »Schaufenster der Kynologie«. In den früheren Jahren waren mit den Zuchtschauen untrennbar verbunden die Zuchtzulassungen. Das bedeutete, dass ein für die Zucht vorgesehener Hund anlässlich einer Zuchtschau eine Beurteilung erhielt, die ihn für die Zuchtverwendung qualifizierte oder nicht. Ganz selbstverständlich waren die Zuchtschauen in erster Linie Veranstaltungen für Züchter, denn dort wurden ihre Zuchtprodukte von qualifizierten Richtern verglichen, eingeordnet und im direkten Vergleich bewertet.

Das hat sich geändert. Die meisten Vereine regeln zwischenzeitlich ihre Zucht-Qualifikationen über gesondert abgehaltene Zuchtzulassungs-Prüfungen, die im Detail unterschiedlich formuliert sein können, aber grundsätzlich darauf abheben, den Formwert nicht mehr als allein zuchtzulassendes Kriterium heranzuziehen. Bei einigen Vereinen spielen Ausstellungserfolge überhaupt keine Rolle mehr für die Zuchtzulassung.

Was heute auf den Ausstellungen geschieht, ist auf einer anderen, keineswegs weniger spannenden Ebene angesiedelt. Heute geht es darum, beispielsweise optische Informationen für Züchter im Blick auf künftige Verpaarungen über Grenzen hinweg zu vermitteln, aber auch für Interessierte im Blick auf die Anschaffung eines Vierbeiners. Siegerhunde stehen mehr noch als früher im Mittelpunkt des Interesses, der Show-Charakter ist ausgeprägter geworden. Waren früher die Zuchtschauen eher elitäre Veranstaltungen der großen Züchter einer Rasse, so ist es heute im »Schaufenster der Kynologie« bunter und vielseitiger geworden. Hundeausstellungen sind in nicht zu unterschätzender Weise Teil eines als attraktiv erkannten Hobbys und Freizeitvergnügens geworden. Teilnehmende Züchter allein brächten nicht die gewünschten oder auch notwendigen Meldezahlen, die Hobby-Aussteller allein aber auch nicht. Beide Gruppierungen haben die Werbewirksamkeit von Ausstellungen erkannt und nutzen sie auf ihre eigene Weise, die Veranstalter können sich darüber nur freuen.

Gar nicht so selten kommt es vor, dass ein Hobby-Aussteller mit seinem Hund die Konkurrenz der Züchterhunde

»aufmischt« und am Ende als Sieger auf dem Podest steht. Solche Aussteller, einmal auf den Geschmack gekommen, planen ihre Ausstellungen oft für ein ganzes Jahr anhand des Ausstellungskalenders, verbinden damit häufig ihren Urlaub und haben ganz neue Freizeiterlebnisse.

Das Ausstellungswesen ist wie nie zuvor international geworden. Immer mehr ausländische Züchter und Aussteller zeigen ihre Hunde in Deutschland, und nicht nur unsere westlichen, nördlichen und südlichen Nachbarn sind vertreten, sondern stark zunehmend solche aus Russland, Polen, Tschechien und der Slowakischen Republik verändern die Szene. Es begegnen sich Menschen, Züchter-Informationen werden ausgetauscht, Bekanntschaften und manchmal auch Freundschaften werden über die Grenzen hinweg geknüpft.

Wie sehr sich das Gesicht der Hundeausstellungen in den vergangenen drei bis vier Jahrzehnten verändert hat, erkennen Sie beim Besuch einer Internationalen Ausstellung oder einer damit verbundenen Nationalen Ausstellung. Sie dienen natürlich immer noch dem Wettbewerb unter den Hunden, und das bleibt auch im Mittelpunkt des Geschehens. Aber die Internationalen/Nationalen Ausstellungen sind Großveranstaltungen geworden mit einem nicht zu unterschätzenden wirtschaftlichen Stellenwert.

Gut besucht: Andrang von Ausstellern und Besuchern vor dem Einlass zur Internationalen Hundeausstellung in Dortmund.

Die »kleineren« Internationalen/Nationalen Ausstellungen warten mit 2500 bis 3000 gemeldeten Hunden auf, bei den größeren steigt die Zahl auf 6000 und mehr. Für die branchennahe Industrie sind solche Veranstaltungen ein Eldorado. Große Besuchermengen drängeln sich durch die Hallen, Produkte, die eng oder weniger eng mit dem Hund zu tun haben, werden zu oft günstigeren Messepreisen angeboten. Es ist im Prinzip alles auf solchen Ausstellungen zu finden, von Futterprodukten, Pflegegegenständen, Leinen, Kleidung für Mensch und Hund, Accessoires jedweder Art auch für Mensch und Hund, bestens sortierte Verlagsstände mit Hundebüchern – es bleiben keine Wünsche offen. Und die Schraube dreht sich immer weiter. Wachsende Besucherzahlen werden registriert, vor allem seit Besucher ihre eigenen Vierbeiner mitbringen dürfen.

Der VDH erwartet bei den Dortmunder Schauen – vor allem bei der Bundessiegerausstellung – an den drei Tagen im Oktober bis zu 75.000 und manchmal sogar noch mehr Besucher. Viele kaufen ein, die Industrie zeigt sich meistens zufrieden und schon lange reicht eine große Halle nicht mehr aus, um die oft aufwändigen Verkaufsstände unterzubringen.

Die Verkaufsstände auf den großen Ausstellungen bieten eine reiche Auswahl an den unterschiedlichsten Produkten.

Kombinationen wie »Hund und Pferd« in Dortmund oder die Internationale/Nationale mit angeschlossener Heimtiermesse in Leipzig locken noch mehr Interessierte an. Oft genug sind Besucher bei diesen Gelegenheiten schon »auf den Hund« gekommen, zumal die meisten Vereine mit ihren Informationsständen vertreten sind und kompetente Auskünfte über ihre Rassen geben.

Der VDH hat diese Entwicklung schon sehr frühzeitig erkannt und die Werbewirksamkeit seiner Schauen in Dortmund und Leipzig, aber auch die in den Landesverbänden optimiert. Um den Besuchern neben dem Blick in die Bewertungsringe noch andere Attraktionen rund um den Hund zu bieten, finden in den Ehrenringen und auf Aktionsflächen publikumswirksame Attraktionen statt: Agility, Dogdancing, Flyball, Frisbee, Vorführungen mit Rettungshunden, gelegentlich auch Präsentationen mit apportierenden Jagdhunden, Hundesport in mannigfacher Art locken die Besucher in großer Zahl auf die Tribünen. Alles zusammengenommen sind die Internationalen/Nationalen Ausstellungen heute ein großer Markt rund um den Hund. Dem hat auch der VDH Rechnung getragen, indem er die Bezeichnungen für seine Schauen geändert hat.

Interessante Rahmenprogramme, wie hier auf der »Hund und Pferd«, locken zusätzliches Publikum.

Vorführung im Hunde-Frisbee oder »Disc-Dogging«, wie es genannt wird, sind regelmäßig ein großer Publikumsmagnet.

Aus der Bundessieger-Zuchtschau wurde die Bundessieger-Ausstellung, aus der Europasieger-Zuchtschau die Europasieger-Ausstellung, aus der Internationalen Zuchtschau wurde die Internationale Ausstellung, aus der Nationalen Zuchtschau die Nationale Ausstellung und aus den termingeschützten Spezialzuchtschauen der Vereine wurden jetzt die Spezialausstellungen für Rassehunde.

Das ist mehr als eine Umbenennung im Detail oder eine nur verbale Kosmetik, es ist vielmehr Programm: Titelausstellungen und Internationale/Nationale Ausstellungen sind mehr als Veranstaltungen mit in wenigen Fällen zuchtzulassenden Anlässen, sie sind ein großes Event geworden mit den unterschiedlichsten Schwerpunkten, deren zentraler – das sei noch einmal betont – die Bewertung von Rassehunden bleibt. Und deswegen finden Sie auf allen Titelausstellungen sowie auf den Internationalen und Nationalen Ausstellungen immer die von der FCI in zehn Gruppen eingeteilten Rassen, in die alle rund 350 heute anerkannten Rassen aufgenommen worden sind. Es sind dies:

GRUPPE 1

Hüte- und Treibhunde, ausgenommen Schweizer Sennenhunde (z.B. Australian Shepherd, Belgische Schäferhunde wie Groenendael, Tervueren, Laekenois, Deutscher Schäferhund, Weißer Schweizer Schäferhund, Pyrenäenschäferhund, Bearded Collie, Border Collie, Collie, Bobtail, Welsh Corgi Cardigan und Welsh Corgi Pembroke, Bergamasker, Komondor, Kuvasz, Schapendoes)

Hütehunde aus der FCI-Gruppe 1, von links nach rechts:
Border Collie, Old English Sheepdog, Bearded Collie

Gruppe 2

Pinscher und Schnauzer, Molossoide, Schweizer Sennenhunde und andere (z.B. Dobermann, Pinscher wie Affenpinscher, Deutscher Pinscher u.a.,Schnauzer und Riesenschnauzer, Schwarzer Terrier, Dogo Argentino, Fila Brasiliero, Shar Pei, Deutscher Boxer, Rottweiler, Deutsche Dogge, Bordeaux-Dogge, Bulldogge, Bullmastiff, Mastino Napolitano, Tosa Inu, Neufundländer, Hovawart, Leonberger, Landseer, Pyrenäen-Berghund, St.Bernhardshund, Owtscharka, Appenzeller Sennenhund, Berner Sennenhund, Großer Schweizer Sennenhund, Großer Japanischer Hund)

Hunde der FCI-Gruppe 2, von links nach rechts: Mittelschnauzer, Berner Sennenhund, Schwarzer Terrier

Gruppe 3

Terrier (z.B. Deutscher Jagdterrier, Airedale Terrier, Bedlington Terrier, Border Terrier, Foxterrier, Manchester Terrier, Parson Russell Terrier, Welsh Terrier, Irish Terrier, Kerry Blue Terrier, Irish Soft Coated Wheaten Terrier, Cairn Terrier, Dandie Dinmont Terrier, Norfolk Terrier, Norwich Terrier, Scottish Terrier, Skye Terrier, West Highland White Terrier, Yorkshire Terrier)

Terrier der FCI-Gruppe 3, von links nach rechts: Welsh Terrier, Scottish Terrier, West Highland White Terrier

Gruppe 4

Dachshunde (Dackel, Teckel z.B. Dachshund Kurzhaar, Langhaar, Rauhaar in den Größen Normal-, Zwerg- und Kaninchen)

Dachshunde der FCI-Gruppe 4, von links nach rechts: Zwerg-Teckel Langhaar, Standard-Teckel Rauhaar, Zwerg-Teckel Kurzhaar

GRUPPE 5

Spitze und Hunde vom Urtyp (z.B. Samojede, Alaskan Malamute, Siberian Husky, Norwegischer Lundehund, Laika, Karelischer Bärenhund, Finnenspitz, Finnischer Lapphund, Wolfsspitz, Großspitz, Kleinspitz, Chow Chow, Eurasier, Akita Inu, Japan Spitz, Shiba, Pharaonenhund, Basenji, Podenco Ibicenco, Thai Ridgeback)

Hunde der FCI-Gruppe 5, von links nach rechts: Siberian Husky, Alaskan Malamute, Basenji

Gruppe 6

Laufhunde, Schweißhunde und verwandte Rassen (z.B. Bluthund, Poitevin, Große Laufhunde wie Français Tricolore oder Grand Bleu de Gascogne, Grand und Petit Basset Griffon Vendeen, Foxhound, Otterhound, Sabueso Español, Basset Fauve de Bretagne, Brandlbracke, Tiroler Bracke, Ogar Polski, Schweizer Laufhunde, Hamiltonstövare, Deutsche Bracke, Basset Artesien Normand, Bassethound, Beagle, Bayerischer Gebirgsschweißhund, Dalmatiner, Rhodesian Ridgeback)

Hunde der FCI-Gruppe 6, von links nach rechts: Rhodesian Ridgeback, Beagle, Basset Hound

Gruppe 7

Vorstehhunde (z.B. Deutsch Kurzhaar, -Drahthaar, -Langhaar, Pudelpointer, Weimaraner, Braque d'Auvergne, Braque Français, Bracco Italiano, Magyar Vizsla, Großer und Kleiner Münsterländer, Epagneul Breton, Drentse Patrijshond, Stabijhoun, Korthals, Spinone Italiano, Český Fousek, Pointer, English Setter, Gordon Setter, Irish Setter, Irish Red and White Setter)

Vorstehhunde der FCI-Gruppe 7, von links nach rechts:
Irish Red and White Setter, Pointer, Weimaraner

Gruppe 8

Apportierhunde, Stöberhunde, Wasserhunde (z.B.Golden Retriever, Labrador Retriever, Nova Scotia Duck Tolling Retriever, Curly Coated Retriever, Flat Coated Retriever, Chesapeake Bay Retriever, Deutscher Wachtelhund, alle Spaniel-Rassen wie English Cocker Spaniel, American Cocker, English Springer, Welsh Springer, Clumber Spaniel, Field Spaniel, Kooikerhondje, Perro de Agua Español, Barbet, Irish Water Spaniel, Wetterhoun, Cao de Agua Portugues, Lagotto Romagnolo)

Hunde der FCI-Gruppe 8, von links nach rechts: Nova Scotia Duck Tolling Retriever, American Cocker Spaniel, Golden Retriever

GRUPPE 9

Gesellschafts- und Begleithunde (z.B. Malteser, Havaneser, Bichon Frisé, Bologneser, Coton de Tuléar, diverse Pudelrassen, Chinese Crested Dog, Lhasa Apso, Shih Tzu, Tibet Terrier, Chihuahua, Cavalier King Charles Spaniel, Pekingese, Japan Chin, Papillon, Kromfohrländer, Französische Bulldogge, Mops)

Hunde der FCI-Gruppe 9, von links nach rechts: Shih Tzu, Papillon, Löwchen

GRUPPE 10

Windhunde (z.B. Afghanischer Windhund, Saluki, Barsoi, Irish Wolfhound, Deerhound, Galgo Español, Greyhound, Whippet, Italienisches Windspiel, Magyar Agar, Azawakh, Sloughi)

Windhunde der FCI-Gruppe 10, von links nach rechts:
Italienisches Windspiel, Greyhound, Barsoi

Die meisten dieser Hunde werden Sie bei den Gruppenwettbewerben im Ehrenring sehen können, und es ist für jeden Besitzer ein erhebendes Gefühl, wenn sein eigener Hund Rassebester (BOB = Best of Breed) geworden ist und sich mit den anderen Rassebesten um den Titel BOG, Bester der Gruppe, misst. Der Weg dahin ist oft lang und schwer, und viele erreichen das Ziel nie.

Sie sollten sich diesen attraktiven Wettbewerb am Ende der Ausstellung aber in jedem Fall einmal anschauen, wie es ohnehin zu empfehlen ist, eine der großen Titel-Ausstellungen oder eine Internationale/Nationale Ausstellu-Hallng zuerst einmal ohne Hund zu besuchen, um die Atmosphäre, den Trubel und gelegentlich auch die Hektik schon einmal erlebt zu haben, bevor Ihr Hund damit konfrontiert wird.

Zu den Programmpunkten im Ehrenring der Internationalen/Nationalen Ausstellungen und der Spezialausstellungen für Rassehunde gehören auch vier Wettbewerbe, die in der VDH-Ausstellungsordnung vorgegeben sind:

Der Sieger der zehn Gruppenbesten: »Best in Show«.

Veteranen-Wettbewerb

Teilnahmeberechtigt sind die »Besten Veteranen der Rasse«. Das hat überhaupt nichts damit zu tun, dass da altersschwache, gehbehinderte oder vom Haarkleid her unansehnliche Hunde gezeigt werden. Der Reiz dieses Wettbewerbs liegt vielmehr darin, zu zeigen, dass auch alte Hunde (Veteranen müssen mindestens acht Jahre alt sein) noch gesund, aktiv, lebhaft und in guter Kondition gezeigt werden. Einen vitalen jungen Hund vorzustellen, ist jedenfalls deutlich einfacher, als einen zehn oder elf Jahre alten – und es ist ganz selten, dass ein Hund aus der Veteranenklasse sogar Bester Hund der Rasse (BOB) wird. Die Bewertung der Hunde erfolgt durch den Zuchtrichter strikt nach dem Standard, wobei vor allem auf die Kondition zu achten ist. Die besten Veteranen werden in Deutschland platziert und bleiben ohne Formwert, in Österreich und in der Schweiz werden Formwerte vergeben.

Zuchtgruppen-Wettbewerb

Zuchtgruppen bestehen laut VDH-Ausstellungsordnung aus mindestens drei Hunden einer Rasse mit gleichem Zwingernamen. Sie müssen am Ausstellungstag bei der Einzelbewertung mindestens den Formwert »Gut« erhalten haben oder in der Ehren- oder Veteranenklasse ausgestellt worden sein. Zuchtgruppen sind oft der Stolz der Züchter; manchmal wird allerdings der Fehler begangen, dass unnötig viele Hunde in die Gruppe genommen werden, die dann kaum den gemeinsamen Zwinger-Typ verkörpern: Hier ist weniger manchmal sogar mehr.

Nachzuchtgruppen-Wettbewerb

Als Nachzuchtgruppe gelten sämtliche Nachkommen eines Rüden oder einer Hündin, mindestens aber fünf Nachkommen beiderlei Geschlechts aus mindestens zwei Würfen. Alle Hunde müssen zuvor auf einer Rassehunde-Ausstellung mindestens den Formwert »Gut« erhalten haben, mindestens zwei von ihnen müssen am gleichen Tag ausgestellt worden sein. Der geforderte Formwert muss bei der Meldung nachgewiesen werden. Wichtigstes Kriterium für den Richter ist die Qualität der einzelnen Nachkommen sowie die phänotypische Übereinstimmung mit dem Rüden oder der Hündin. Nachzuchtgruppen sind relativ selten zu sehen, bei Großveranstaltungen wie der Welthundeausstellung sind oft sehr eindrucksvolle Gruppen gemeldet.

Paarklassen-Wettbewerb

Die Paarklasse besteht aus einem Rüden und einer Hündin, die *einem* Eigentümer gehören. Gesucht wird vom Richter das idealtypische Paar. Beide Hunde müssen am Ausstellungstag bei der Einzelbewertung mindestens den Formwert »Gut« erhalten haben oder in der Ehren- oder Veteranenklasse ausgestellt worden sein.

Kapitel 3

VORBEREITUNG auf die AUSSTELLUNG

Ihr Entschluss steht fest: Sie wollen mit Ihrem Hund eine Ausstellung besuchen. Und mit dem Tag Ihres Entschlusses, sich in dieses Abenteuer zu stürzen, beginnen im Grunde die Vorbereitungen gedanklicher und praktischer Art. Wenn zwei Ausstellungs-Neulinge völlig unbeleckt und unvorbereitet dort auftauchen, wird das kaum zum Erfolg führen, möglicherweise werden Sie gleich beim ersten Versuch so enttäuscht sein, dass Sie keinen weiteren unternehmen wollen. Wenn aber Mensch und Hund vorbereitet sind, kann schon die erste Ausstellung zu einem erfreulichen Erlebnis für beide werden.

Je früher Ihr Hund an die Erfordernisse herangeführt wird, die ihn am Schautag erwarten, desto weniger werden Sie als Aussteller Mühe mit den Abläufen haben.

Nervosität und Aufregung werden immer noch groß genug sein. Grundsätzlich gilt, dass es »geborene« Ausstellungshunde gibt, aber auch solche, die es nie werden. Das soll nicht heißen, dass man einem Hund das auf der Ausstellung Verlangte nicht beibringen könnte, das geht sehr wohl. Aber es gibt solche, die das gern machen, und es gibt andere, denen das sichtbar weniger

Das richtige Aufstellen kann schon im Welpenalter geübt werden.

Freude macht. Und genau diesen Unterschied wird man später im Ausstellungsring deutlich erkennen können. Ich weiß das aus eigener Erfahrung, denn ich hatte es mit beiden Typen zu tun: Der eine, den zuhause schon ein bestimmtes Tuch (das er dann später voller Stolz in die Hallen trug) in Laune gebracht hat und der andere, der im Ring bei der Beurteilung sich zwar nicht unwillig zeigte, aber auch alles Andere als einen fröhlichen Eindruck machte. Übrigens verrät schon die Rutenhaltung sehr oft, wie der Vierbeiner »drauf« ist. Ein Hund, der in der Halle die Rute klemmt, zeigt sich nicht frei und unbeschwert.

Es ist ganz wichtig, dass die ersten Übungen schon im Welpenalter beim Züchter beginnen. Vor allem das »Stellen« – später bei größeren Hunden auf dem Boden, bei den Kleineren auf dem Trimmtisch – kann von frühester Kindheit geübt werden.

Wenn Sie ihren Hund dann im Alter von 9 oder 10 Wochen bekommen, sollten hier bereits Vorkenntnisse vorhanden sein – wenn nicht, sollten Sie, immer vorausgesetzt, Sie sind am Ausstellen interessiert, mit diesen Übungen beginnen. Der Hund wird auf den Tisch gestellt, die linke Hand unter dem Fang hält den Kopf aufrecht, die rechte bringt die Rute in die Waagerechte, und schon ist die Grundhaltung für das richtige Stellen, also die Ausstellungshaltung, simuliert. Da muss noch gar nichts korrigiert werden, allein das immer wieder geprobte Stellen mit erhobenem Kopf und hoch gehaltener Rute schafft eine gewisse, früh erworbene Routine. Wenn Sie schon beim Kauf des Welpen wissen, dass sie später ausstellen wollen, können Sie auch den Züchter um den Gefallen bitten, in der beschriebenen Weise mit dem Welpen zu üben.

Ähnliches gilt für das Laufen, das ja auch ein wichtiger, meistens sogar ein entscheidender Bestandteil der Bewertung im Ring ist, und das gilt für alle Rassen gleichermaßen. Auch mit Laufübungen können Sie sehr frühzeitig beginnen, wenn es auch erst einmal nur darum gehen sollte, dass der Welpe sich an ein Halsband gewöhnt und an eine leichte Leine, die ihn auf sanfte, aber bestimmte Art zu einfachen Richtungsänderungen bewegt. Der Richter wird jedenfalls am Anfang einer Ausstellungskarriere sehr schnell erkennen, wer absolut unvorbereitet und wer bereits trainiert in den Ring kommt.

Stellen und Laufen müssen irgendwann mit großer Selbstverständlichkeit funktionieren. Wenn der junge Hund sich bei Ihnen eingelebt und Vertrauen gefasst hat, sollten – sofern sich Ihr Interesse an Hundeausstellungen bestätigt hat – die erlernten Übungen fortgesetzt werden. In den Orts- und Be-

Derselbe Junghund, dreimal probeweise gestellt

Vorder- und Hinterläufe nicht geordnet, schlechte Rückenlinie (schlecht!)

Zu sehr in die Länge gezogen, kurzer Hals (etwas besser!)

Pfoten richtig gestellt, schöne Nacken-Rücken-Linie, gut erhobener Kopf (gut gestellt)

zirksgruppen vieler Vereine werden Ringtraining-Kurse angeboten, die von erfahrenen Ausstellern oder auch von Richtern abgehalten werden. Dieses Angebot sollten Sie unbedingt wahrnehmen, denn dabei lernt der junge Hund schon Ausstellungsverhalten in einer größeren Gruppe. In der späteren Ausstellungs-Praxis läuft der Hund ja auch nicht allein, sondern in einer Gruppe mit seinen Konkurrenten, und gut ausgebildet kann er mit der richtigen Bewegung – in aller Regel ist es der Trab – in jedem Fall »punkten«.

Zu den ganz wichtigen Ausstellungsvorbereitungen gehört, dass sich Ihr Hund von fremden Menschen anfassen und – die Steigerung – sich auch in den Fang schauen lässt. Nicht wenige Aussteller, die das nicht geübt hatten, sind bei ihrer Ausstellungspremiere kläglich gescheitert, weil eine Zahnkontrolle durch den Richter nicht möglich war.

Ein auch an diese Anforderungen gewöhnter Hund erleichtert Ihr Auftreten im Ring ganz erheblich. Im ungünstigsten Fall kann es zur Disqualifizierung kommen, wenn beispielsweise der Hund bei der Zahnkontrolle aggressiv reagiert, im günstigen Fall bleibt der Hund »ohne Bewertung« und wird aus dem Ring geschickt. Dem können Sie gut vorbeugen, indem Sie – behutsam natürlich und Schritt für Schritt – Be-

Der Hund muss sich vom Richter zur Zahnkontrolle anstandslos in den Fang schauen lassen.

kannte bitten, Ihren Hund am Kopf, am Körper anzufassen und, unter Ihrer Anleitung, ihm in den Fang zu schauen. Das muss, wie gesagt, ohne Hektik geschehen und darf beim Hund nicht in schlechter Erinnerung bleiben.

Woher bekommen Sie nun Informationen, wo und wann eine Ausstellung stattfindet? Für den Anfang gibt mit Sicherheit am zuverlässigsten Ihr Züchter Auskunft. Er weiß, wann Ihre Rasse gerichtet wird und wo eine vielleicht erst einmal nicht so weit entfernte Ausstellung zu erreichen ist. Leider gibt es in Deutschland nicht den Luxus wie in England, wo zwei auflagenstarke Hundezeitschriften (*Dog World* und *Our Dogs*) erscheinen, in der alle Termine der zahlreichen Schauen quer durch das Land zu finden sind. Die Termine aller vom VDH geschützten Ausstellungen, einschließlich der unzähligen Spezial-Rassehunde-Ausstellungen mit Angabe der Schauleiter und Kontaktadressen sind in der Verbandszeitschrift *Unser Rassehund* veröffentlicht, die direkt über den VDH bezogen werden kann.

In der heutigen Zeit der Information über den Computer kommen Sie immer auch im Internet weiter. Sie finden dort die Homepage Ihres Zuchtvereins und eine Seite mit Ausstellungsterminen. Auch alle wichtigen Anschriften sind dort zu finden. So wird das Internet auch im Hundewesen in absehbarer Zeit nahezu flächendeckend Informationen jedweder Art bereit stellen und viel bedrucktes Papier ersetzen.

1. Vorbereitung von Ausstellungshunden beginnt im Welpenalter

2. Stellen und Laufen kann zuhause geübt werden

3. Von Anfang an zwischen normaler Leine und Vorführleine unterscheiden

4. Den Hund von Fremden anfassen und in den Fang schauen lassen

5. Termine finden Sie im Internet auf Vereins-Homepages

Kapitel 4

Die richtige AUSSTELLUNG, die richtige KLASSE

Unter dem Dach des VDH gibt es die folgenden Ausstellungen:

Internationale Rasse-hunde-Ausstellungen

Auf diesen von der FCI genehmigten Ausstellungen wird das CACIB vergeben, also die Anwartschaft auf das Internationale Schönheitschampionat (Certificat d'Aptitude au Championat International de Beauté). Internationale finden meistens in Hallen statt, es können sämtliche von der FCI anerkannten Rassen ausgestellt werden. Der VDH veranstaltet in Dortmund alljährlich die Bundessieger-Ausstellung und die VDH Europasieger-Ausstellung sowie die Internationale Rassehunde-Ausstellung in Leipzig. Auch die VDH-Landesverbände organisieren »Internationale«, sie sind quer durch Deutschland mit gelegentlich veränderten Austragungsorten angesiedelt. z.B. Nürnberg, München, Dresden, Saarbrücken, Neumünster, Erfurt, Bremen, Ludwigshafen, Rostock, Hannover, Kassel und andere.

Nationale Rasse-hunde-Ausstellungen

Sie werden inzwischen häufig den Internationalen angeschlossen, als Aussteller haben Sie die Gelegenheit, an zwei Tagen unter verschiedenen Richtern Ihren Hund zu präsentieren. Zu gewinnen ist das CAC, die Anwartschaft auf das nationale Championat (Certificat d' Aptitude au Championat).

Termingeschützte Spezial-Rassehunde-Ausstellungen

Das sind die traditionellen früher als Spezialzuchtschauen bezeichneten Rassehunde-Ausstellungen der Klubs und Vereine. Auch hier werden Anwartschaften auf den nationalen Champion vergeben, da sie unter dem Terminschutz des VDH stehen.

Ferner gibt es in der Ausstellungslandschaft nicht vom VDH geschützte Ausstellungen wie Pfostenschauen oder Bezirkszuchtschauen, bei denen zwar Formwerte, aber keine Anwartschaften auf Titel vergeben werden. Solche kleinen Ausstellungen werden von Orts- oder Bezirksgruppen in eigener Regie durchgeführt, für Ausstellungsneulinge können sie ein geeigneter Einstieg in die Schauwelt sein.

Auf den VDH-geschützten Ausstellungen sind folgende Klassen obligatorisch:

Jüngstenklasse Für Hunde von 6 bis 9 Monaten mit den Formwerten: »vielversprechend«, »versprechend« und »wenig versprechend«.

Kind und Hund – sie verstehen sich.

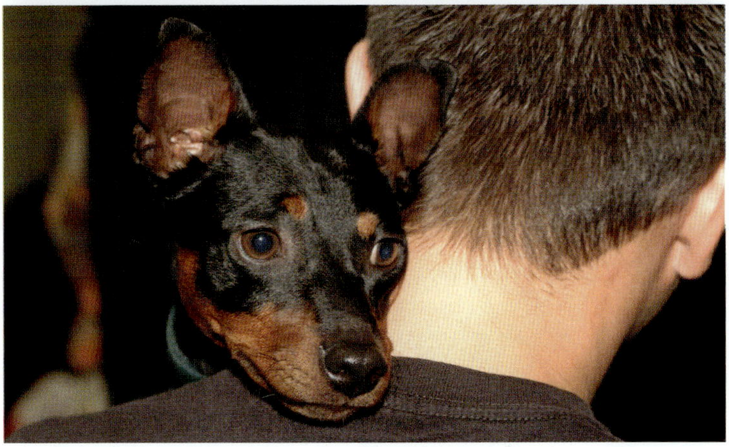

Auf Herrchens Schulter ist man sicher.

Jugendklasse Für Hunde von 9 bis 18 Monaten. Der Verein legt fest, ob in der Jugendklasse als höchste Formwertnote »Sehr gut« oder »Vorzüglich« vergeben wird.

Zwischenklasse Für Hunde von 15 bis 24 Monate.

Offene Klasse Ab 15 Monate. Als Aussteller haben Sie die Möglichkeit, einen mehr als 15 Monate alten Hund entweder in die Zwischenklasse oder in die Offene Klasse zu melden. Das ist eine oft schwierige Abwägung, sie hängt vom Entwicklungsstand des Hundes ab; sicher werden die Hunde der Offenen Klasse weiter in ihrer Entwicklung sein und es kann empfehlenswert sein, den jüngeren Hund noch in der Jugendklasse zu belassen.

Gebrauchshundklasse Für Hunde ab 15 Monate. Eine Gebrauchshundklasse wird nur für solche Rassen ausgeschrieben, die gemäß FCI- und VDH-Bestimmungen dafür vorgesehen sind, also beispielsweise Hütehunde, Schutzhunde, Jagdhunde, Windhunde. Das erforderliche Leistungs/Ausbildungs-Kennzeichen muss durch das FCI-Gebrauchshundzertifikat bestätigt worden sein.

Championklasse Für Hunde ab 15 Monate. Eine Meldung ist nur möglich, wenn ein erforderlicher Titel wie Internationaler Schönheitschampion, Nationaler Champion, Deutscher Champion Klub und VDH bestätigt wurde. Die Titel

Präsentation im großen Ehrenring.

Deutscher Bundessieger und VDH-Europasieger berechtigen nur in Deutschland in Verbindung mit dem Nachweis einer Anwartschaft für einen Championtitel auf einer anderen Rassehunde-Ausstellung zum Start in der Championklasse.

Ehrenklasse Eine Meldung ist nur möglich, wenn für den Hund der Titel Internationaler Schönheitschampion der FCI bestätigt wurde. Die Hunde der Ehrenklasse bekommen keine Formwertnote, sie werden nur platziert. Der an der ersten Stelle platzierte Hund nimmt am Wettbewerb »Bester Hund der Rasse« teil.

Veteranenklasse Ist für Hunde offen, die am Tag vor der Bewertung das 8. Lebensjahr vollendet haben. Die Hunde erhalten keinen Formwert, sie werden

Veteran in bester Kondition.

platziert. Der beste Veteran der Rasse wird aus dem erstplatzierten Rüden und der erstplatzierten Hündin ermittelt und nimmt am Wettbewerb »Bester Hund der Rasse« teil.

Auf termingeschützten Spezial-Rassehunde-Ausstellungen kann eine **Baby-Klasse** (Puppy Class) ausgeschrieben werden für Hunde von 4 bis 6 Monaten, in der Schweiz 3 bis 6 Monate. Formwertnoten und Platzierungen gibt es wie in der Jüngstenklasse, gelegentlich wird auch nur der/die Beste ermittelt. Bei manchen Ausstellungen vor allem im Ausland wird dann auch noch das »Best Puppy« ermittelt.

Über den Sinn einer solchen Baby-Klasse wird immer wieder kontrovers diskutiert. Sie als Züchter oder Besitzer werden zu entscheiden haben, ob Ihnen das Risiko eines vielleicht noch nicht voll wirksamen Impfschutzes zu groß ist, als dass Sie Ihren Nachwuchs dieser Gefahr aussetzen wollen. Andere wiederum sehen darin eine Möglichkeit, ihr Baby Schauerfahrungen sammeln zu lassen, die ihm später zugute kommen können.

Sie werden sich also entscheiden müssen. Beim Publikum kommt der Baby-Wettbewerb jedenfalls sehr gut an. Die ausgestellten Hunde bezaubern meistens durch ihre drollige Verspieltheit an der Vorführleine und durch ihren Charme. Manche überraschen schon mit ausstellungsreifem Auftreten.

Über weitere Voraussetzungen für eine Meldung kann Sie Ihr Züchter aufgrund seiner Erfahrungen bestimmt informieren. Er wird Ihnen sagen, dass Sie im Besitz der Ahnentafel oder einer Registrierbescheinigung sein müssen, um den Hund melden zu können, denn zugelassen sind nur Rassehunde, deren Standard bei der FCI und/oder beim VDH hinterlegt ist und die in ein von VDH oder FCI anerkanntes Zuchtbuch/Register eingetragen sind. Kontrollen durch den Veranstalter sind möglich.

Es gilt ein Ausstellungsverbot für Hunde aus dem In- und Ausland, deren Ohren kupiert sind und/oder deren Rute kupiert ist, mit der Ausnahme, dass der Hund zur Jagd verwendet wird (so sagt es das Deutsche Tierschutzgesetz). Die Bestimmungen in Österreich und in der Schweiz sind noch strenger.

Sie sollten auch wissen, dass bissige, kranke oder mit Ungeziefer behaftete Hunde nach entsprechenden Feststellungen bei der tierärztlichen Kontrolle abgewiesen werden. Das gilt auch für trächtige Hündinnen, solche in der Säugeperiode oder die in Begleitung ihrer Welpen sind; auch sie dürfen nicht in das Ausstellungsgelände eingebracht werden.

Nachweislich taube oder blinde Hunde können nicht an einer Ausstellung teilnehmen, das gilt auch für kastrierte Rüden, außer denen, die in der Veteranenklasse an den Start gehen sollen, die aber früher bereits bewertet worden waren.

Dagegen, und das ist für viele Aussteller und vor allem für Züchter wichtig, dürfen läufige Hündinnen auf termingeschützten Schauen ausgestellt werden. In der Vergangenheit sind Ausstellungsplanungen häufig durch eine zur nicht erwarteten Zeit läufig gewordene Hündin über den Haufen geworfen worden. Diese seit einigen Jahren in Deutschland eingeführte Regelung findet allerdings nicht die ungeteilte Zustimmung aller (ganz besonders nicht der Rüdenbesitzer), sie wird aber im Ausland schon lange praktiziert und sie hat eben vor allem den Vorteil, dass teures Meldegeld nicht zwangsläufig einfach verfällt.

Auf einige für die Praxis wichtige Punkte der VDH-Ausstellungsordnung sei an dieser Stelle schon einmal hingewiesen.

Sie als Aussteller erkennen an, dass Formwertnoten und Platzierungen des Zuchtrichters unanfechtbar sind. Eine Beleidigung des Zuchtrichters oder öffentliche Kritik an seinen Bewertungen ist unzulässig.

Sie sind für das rechtzeitige Erscheinen Ihres Hundes im Ring selbst verantwortlich. Der Richter muss nicht auf Sie warten.

Der Abstammungsnachweis des gemeldeten Hundes, die Leistungsurkunde bei Gebrauchshunden oder Nachweise über Siegertitel haben Sie auf Anforderung vorzulegen.

Die Katalognummer des Hundes ist auch seine Startnummer; Sie sollten sie deutlich sichtbar am linken Arm oder auf der linken Körperseite tragen.

Störendes »double handling« (Einwirken auf den Hund von außerhalb des Rings mit dem Ziel, ihn aufmerksam zu machen, vor allem bei großen Hunden zu erleben) kann mit dem Ausschluss des Hundes durch den amtierenden Richter geahndet werden.

Auf dem Ausstellungsgelände ist Ihnen ein über das Kämmen und Bürsten hinausgehendes Zurechtmachen des Hundes unter Verwendung jedweder Hilfsmittel und Hilfen untersagt. Die Verwendung von sogenannten Galgen zum Fixieren des Hundes auf dem Trimmtisch ist ebenso untersagt, wie das Vorstellen eines Hundes auf einem Podest im Bewertungsring und im Ehrenring.

Zusammenfassung der Titel und der dafür notwendigen Anwartschaften

Der VDH vergibt die folgenden Titel:

VDH-Champion

Notwendig sind fünf Anwartschaften, die in der Offenen-, Zwischen-, Champion- oder Gebrauchshundklasse erworben werden müssen, drei davon müssen auf Internationalen oder Nationalen Ausstellungen vergeben worden sein, die anderen beiden auf Spezial-Rassehundeausstellungen. Insgesamt müssen drei Richter die Anwartschaften vergeben haben. Eine auf der Bundessieger-Ausstellung oder auf der VDH-Europasieger-Ausstellung erreichte Anwartschaft zählt doppelt, eine dort gewonnene Reserve-Anwartschaft wird als Anwartschaft anerkannt. Zwischen der ersten und der letzten Anwartschaft muss ein Zeitraum von einem Jahr liegen, der Titel berechtigt für den Start in der Champion-Klasse. Für die Urkunde müssen die Richterberichte mit den eingetragenen Anwartschaften an die Geschäftsstelle des VDH in Dortmund geschickt werden, die Urkunde kostet 35,00 €. Bei späteren Meldungen ist die Urkunde in Kopie beizulegen.

Ein Champion aus der Gruppe 9.

Deutscher Jugendchampion (VDH)

Anwartschaften können nur auf termingeschützten Ausstellungen, davon zwei auf Internationalen oder Nationalen vergeben werden. Es sind drei Anwartschaften von zwei Richtern vorgeschrieben, die an den besten Hund der Jugendklassen (Rüde und Hündin) vergeben worden sind. Auch hier kann eine Reserve-Anwartschaft in eine Anwartschaft umgewandelt werden, wenn der Anwartschaftshund bereits den Titel Deutscher Jugendchampion (VDH) errungen hat. Die Richterberichte mit den Anwartschaftsvermerken sind mit der Ahnentafel/Registrierbescheinigung an die VDH- Geschäftsstelle zu schicken, die Urkunde kostet 20,00 €.

Deutscher Veteranenchampion (VDH)

Die Anwartschaften werden ausschließlich auf termingeschützten Ausstellungen vergeben. Für den Titel sind drei Anwartschaften notwendig, davon zwei auf Internationalen oder Nationalen Ausstellungen, die von mindestens zwei Richtern erteilt worden sind. Die Anwartschaften gehen an die besten Veteranen (Rüden und Hündinnen), Mindestalter 8 Jahre. Das Verfahren läuft wie oben beschrieben ab, die Urkunde kostet 20,00 €.

Als Tagestitel vergibt der VDH den Bundessieger und den VDH-Europasieger, den Bundesjugendsieger und den VDH-Europajugendsieger, den Bundesveteranensieger und den VDH-Europaveteranensieger.

Generell gilt: Die Vergabe von Anwartschaften liegt im Ermessen des Richters. Er allein entscheidet, ob der Hund Championqualität hat oder nicht.

Auf den Nationalen Ausstellungen und auf den Spezial-Rassehundeausstellungen werden die VDH-Anwartschaften und das CAC für die Klubchampions vergeben. In aller Regel der beste Hund/beste Hündin aus den Wettbewerbsklassen kommen dafür in Frage, in mehreren Vereinen kann auch der beste Jugendhund diese Anwartschaft zugesprochen bekommen.

Die Möglichkeit, auf den Nationalen Ausstellungen auch die Anwartschaften für einen Champion zu vergeben, ist einer der Gründe, weswegen immer häufiger eine Internationale und eine Nationale an einem Wochenende abgehalten werden.

Auf den Internationalen Ausstellungen werden folgende Anwartschaften vergeben:

Das CACIB als Anwartschaft für den Internationalen Schönheitschampion

(CIB). Für Rassen mit Arbeitsprüfung sind zwei CACIB, davon eines im Ausland gefordert. Für Rassen ohne Arbeitsprüfung werden vier CACIB in drei Ländern und von drei Richtern verlangt. Zwischen der ersten und der letzten Anwartschaft müssen 1 Jahr und 1 Tag liegen. Das gilt auch für den Internationalen Ausstellungschampion (CIE). Die Regelung des Reserve-CACIB entspricht der beim VDH-Champion.

Der Internationale Arbeitschampion (CIT) braucht zwei Anwartschaften auf das CACIT, die er bei zwei Prüfungen in zwei Ländern erhalten kann, oder bei zwei Prüfungen in zwei Landesverbänden in Deutschland. Sie müssen jeweils als CACIT-Prüfungen ausgeschrieben sein. Als weitere Qualifikation wird einmal der Formwert »Sehr gut« in einer der Wettbewerbsklassen vorausgesetzt.

Champions in Österreich und in der Schweiz

Österreichischer Champion

Für den Titel »Österreichischer Champion« sind für Rassen, die keine Arbeitsprüfung vorweisen müssen, folgende Bedingungen zu erfüllen: Vier CACA (Certificat d'Aptidute au Champion d'Autriche de Beaute, übersetzt: Zeugnis über die Anwartschaft auf das Österreichische Championat für Schönheit) auf vier Internationalen Ausstellungen unter drei verschiedenen Richtern. Das CACA geht an den mit »Vorzüglich 1« bewerteten Hund aus der Zwischen-, der Offenen-, der Gebrauchshund-, der Champion- und der Ehrenklasse, sowohl an Rüden, als auch an Hündinnen. Zwischen dem ersten und dem vierten CACA muss ein Jahr liegen. Zwei CACAs können auch auf Nationalen oder Klubsieger-Schauen mit CACA-Vergabe erworben werden.

Für den Titel »Österreichischer Champion« für Rassen mit Arbeitsprüfung werden drei CACAs gefordert, ein CACA kann in der Zwischen,- Offenen, Champion- oder Ehrenklasse gewonnen werden. Zwei CACAs müssen in der Gebrauchshundeklasse erreicht werden. Ferner gilt, dass mindestens zwei CACAs auf Internationalen Ausstellungen nachgewiesen werden müssen, eines ist auch auf einer Nationalen Ausstellung oder auf einer Klubsiegerschau mit CACA-Vergabe möglich.

Österreichischer Jugendchampion

Für diesen Titel werden verlangt: drei JCACA oder »Jugendbester unter mindestens zwei Richtern. Zwei Anwartschaften müssen in der Jugendklasse gewonnen werden, eine kann bis zu einem Alter von 24 Monaten in der Zwischenklasse, der Offenen Klasse oder in der Gebrauchshundeklasse erreicht werden.

Österreichischer Veteranenchampion

Dieser Titel erhält ein Hund, der in der Veteranenklasse dreimal mit »Vorzüglich 1« auf einer Ausstellung mit CACA-Vergabe bewertet wurde. Das Mindestalter für den Start in der Veteranenklasse beträgt acht Jahre.

Schweizer Champion

Für den Titel Schweizer Champion werden vier CAC, vergeben von drei Richtern in der Zwischenklasse, der Offenen Klasse, der Gebrauchshundklasse und der Championklasse gefordert. Zwischen der ersten und der vierten Anwartschaft müssen 366 Tage liegen. In den Bestimmungen der SKG (Schweizer Kynologische Gesellschaft) wird ausdrücklich darauf hingewiesen, dass die Vergabe des CAC allein im Ermessen des Richters liegt; er muss entscheiden, ob er den mit »Vorzüglich 1« bewerteten Hund als „champion-würdig« betrachtet.

Schweizer Jugendchampion

Für diesen Titel sind drei Jugend-CACs gefordert, die von zwei Richtern vergeben worden sein müssen. Die Fristen sind gleich denen für den Schweizer Champion.

Schweizer Veteranenchampion

Er benötigt nach den Bestimmungen der SKG drei Veteranen-CACs, die von zwei Richtern vergeben worden sein müssen.

1. Die richtige Klasse für den jungen Hund wählen
2. Vor- und Nachteile der Baby-Klasse
3. Voraussetzung: Eine von VDH/FCI akzeptierte Ahnentafel/ Registrierbescheinigung
4. Diverse Ausstellungsverbote beachten
5. »Double Handling« ist verboten
6. Anwartschaften und Champions

Perfekter Auftritt.

Kapitel 5

Melden und weitere Vorbereitungen

Ausstellungen

Neutraler Meldeschein für Int. und Nat. Ausstellungen 2012

Diesen Meldeschein können Sie für alle Int. und Nat. Ausstellungen verwenden. Angaben über Meldestelle, Meldegebühr und Meldeschluss finden Sie im Ausstellungskalender, unter www.vdh.de oder erhalten Sie bei der VDH-Geschäftsstelle, Westfalendamm 174, 44141 Dortmund.

Dortmund

Internat. Ausstellung	(45,- EUR/60,- Euro) 11.-13.05.2012	☐
Nationale Ausstellung	(30,- EUR/40,- Euro) 11.-13.05.2012	☐
Kombimeldung	(70,- EUR/95,- Euro) 11.-13.05.2012	☐

Saarbrücken

Internat. Ausstellung	(40,- EUR/55,- Euro) 27./28.05.2012	☐
Nationale Ausstellung	(30,- EUR/40,- Euro) 27./28.05.2012	☐
Kombimeldung	(65,- EUR/90,- Euro) 27./28.05.2012	☐

Neumünster

Internat. Ausstellung	(40,- EUR/50,- Euro) 02./03.06.2012	☐

Erfurt

Internat. Ausstellung	(45,- EUR/50,- Euro) 09./10.06.2012	☐
Nationale Ausstellung	(35,- EUR/40,- Euro) 09./10.06.2012	☐

Augsburg

Internat. Ausstellung	(45,- EUR/55,- Euro) 21./22.07.2012	☐

Meldung in/Entries for/Inscription en

Nur diese Klassen nehmen am CACIB-Wettbewerb teil.
Only these classes will take part in the CACIB-Competition.
Seulement ces classes ont le droit de participer au concours du CACIB.

- ☐ Championklasse, ab 15 Monate mit Champion-Titel (Kopie beifügen)
  Champion Class, with recognized Champion Title from 15 months/Classe champion, avec titre de champion à partir de 15 mois
- ☐ Gebrauchshund-Klasse, ab 15 Monate mit Ausbildungskennzeichen (FCI/VDH-Gebrauchshundezertifikat beifügen)
  Working Class, with recognized Working Certificate from 15 months/Classe travail, avec certificat d'entrainement à partir de 15 mois
- ☐ Offene Klasse, ab 15 Monate
  Open Class, from 15 months/ à partir de 15 mois
- ☐ Zwischenklasse, 15–24 Monate
  Intermediate Class, 15–24 months/Classe intermédiaire, 15 à 24 mois

- ☐ Jüngstenklasse, 6–9 Monate
  Puppy-Class, 6–9 months/Classe jeunes, 6 à 9 mois
- ☐ Jugendklasse, 9–18 Monate
  Youth Class, 9–18 months/Classe jeunes, 9 à 18 mois
- ☐ Ehrenklasse
  Honorary Class/Classe d'honneur
- ☐ Veteranenklasse, ab 8 Jahre
  Veteranen Class, from 8 years old/ Classe vétérans, plus 8 ans d'âge

Rasse: Breed/Race

Ausstellungsverbot für kupierte Hunde: Bitte Rückseite beachten! Dog show ban for dogs cropped or docked: Please turn over!
Interdiction d'exposer des chiens coupés: Voir au verso!

Nur für FCI-anerkannte Jagdhundrassen bei jagdlicher Verwendung gemäß deutschem Tierschutzgesetz:
Only for FCI recognized hunting dogs used for hunting in accordance with german law for the protection of animals:
Seulement pour les chiens de chasse reconnus par la FCI avec utilisation pour la chasse d'après la loi allemande sur la protection des animaux:

Rute kupiert (Tail docked/Queue coupé): ☐ **Ja (yes/oui)** ☐ **Nein (no/non)**

Farbe Colour/Couleur ☐ Rüde Dog/Mâle ☐ Hündin Bitch/Femelle

Haarart Type of hair/genre du poil	kurzh. short/court	langh. long/long	rauh. rough/hirsute	stockh. rough/mi-long	drahth. rough/dur
Größe Size/Taille	groß large/grand	mittel medium/moyen	klein small/petit	Zwerg Dwarf/nain	Kaninchenteckel Dachshound/Teckel de lapin

Name des Hundes Name of dog/Nom du chien

Zuchtbuch-Nr. Pedigree-No/Numéro du Livre généalogique — geworfen am Date of birth/né je

Titel Title//Titre — Ausbildungskennzeichen Working Certificate/Certificat d'entrainement

Vater Father/Père

Mutter Mother/Mère

Züchter Breeder/Eleveur

Eigentümer Owner/Propriétaire

Straße Street/Rue

PLZ, Wohnort Residence/Lieu — Tel.-Nr.: Tel. No./Tél.

Staat Country/Pays — **Per Fax bereits gemeldet:** ☐ Ja ☐ Nein — **I have sent a fax before:** ☐ Yes ☐ No

Meldegebühren: Entry Fees/Frais d'inscription	Bei Meldung bis Entry until /Inscription jusqu'au de	Bei Meldung bis Entry until /Inscription jusqu'au de
Für den 1. Hund for the 1st dog/pour le 1er chien	,– EUR	,– EUR
Für jeden weiteren Hund (ohne Tageskatalog)/for every aditional dog (without daily catalogue)/pour chaque autre chien (sans catalogue du jour)	,– EUR	,– EUR

Jeder teilnehmende Hund muss wirksam gegen Tollwut schutzgeimpft sein (Impfausweis mitnehmen!).

Each dog participating must be effectively vaccinated against rabies (Please bring the vaccination certificate!).

Chaque chien participant doit etre vacciné de facon efficace contre la rage (Apporter le carnet de vaccination!).

Für for/pour

• Zuchtgruppen-Wettbewerb Breeders group (team)/Concours de groupe d'élevage	☐	,– EUR
• Paarklassen-Wettbewerb Brace/couple class/Concours de classe de couples	☐	,– EUR
• Nachzuchtgruppen-Wettbewerb Progeny Group/Concours de groupe de descendance d'élevage	☐	,– EUR
• Vorführwettbewerb für Jugendliche Junior-Handling/Concours de présentation pour les jeunes	☐	,– EUR
Sonderraum Special locking kennel gate/Exposition particulière	☐	,– EUR
insgesamt total/total/total		,– EUR

Mit der Anmeldung erklärt der Aussteller, die Ausstellungs-Bestimmungen des VDH zu kennen, diese zu beachten und dass gegen ihn kein VDH-Ausstellungsverbot besteht. The submission of the Entry-Form shall be regarded as exhibitor's declaration stating that he/she knows the Show-Regulations, will observe them. We confirm that we have not been prohibited from exhibiting by the VDH./En s'inscrivant, l'exposant déclare qu'il connail et qu'il applique le règlement de la revue d'élevage de la VDH et qu'il n'existe contre lui aucune interdiction d'exposer du VDH.

Informieren Sie mich zukünftig über aktuelle Termine Int. und Nat. Ausstellungen sowie Angebote von Partnern des VDH. Ich stimme dafür der Speicherung und Nutzung meiner personenbezogenen Daten zu (ggf. streichen). Please notify me in future about the latest dates for international and national dog shows as well as offers from partners of the VDH. I agree to have my personal data stored and used for this purpose (delete if necessary)./Veuillez s'il vous plait m'informer à l'avenir des dates d'exposition canines nationales et internationales ainsi que des offres de partenaires du VDH. Je consens à l'enregistrement de données concernant ma personne et à leur utilisation future (ce passage peut être rayé).

Ort, Datum Location, Date/Lieu, Date — Unterschrift Signature/Signature

Bitte mit Schreibmaschine oder deutlicher Druckschrift ausfüllen!
Please fill in block letters/A remplir en lettres capitales ou à la machine

Sie wissen also nach Rücksprache mit Ihrem Züchter, auf welcher Ausstellung Sie Ihren Hund melden wollen. Sie haben die Meldeunterlagen erhalten, und füllen den Meldeschein aus. In aller Regel unterscheiden sich die Meldescheine für Spezial-Rassehunde-Ausstellungen und Internationalen/Nationalen Ausstellungen nicht wesentlich.

Gefragt sind immer die Klasse, in der Ihr Hund starten soll, um welche Rasse es sich handelt, sowie die Farbe und die Haarart des Hundes (einige Rassen werden getrennt nach Farbschlägen gerichtet, diverse Rassen gibt es beispielsweise als Kurzhaarige und als Langhaarige oder Rauhaarige).

Weiter sind natürlich der Name des Hundes, seine Zuchtbuchnummer und der Wurftag anzugeben, der Name des Vaters und der Mutter sowie der Name des Züchters und des Eigentümers mit dessen Anschrift. Es wird auf dem Meldeschein darauf hingewiesen, dass der teilnehmende Hund wirksam gegen Tollwut schutzgeimpft sein muss.

Die Meldegebühren werden ebenso aufgeführt wie der Meldeschluss. Es gibt einen ersten und einen zweiten Meldeschluss, wobei es interessant für Sie ist, dass bei einer Meldung zum ersten Meldeschluss die Meldegebühr deutlich niedriger liegt.

Dass mit dem Meldeschein auch die Teilnahme an bestimmten Wettbewerben wie Zuchtgruppenwettbewerb, Nachzuchtgruppenwettbewerb und Paarklassenwettbewerb und für den Vorführwettbewerb für Jugendliche (das Junior-Handling) möglich ist, sei der Vollständigkeit halber aufgeführt.

Die Anmeldung Ihres Hundes kann beim VDH mit Hilfe der modernen Technologie und dank der rasanten Entwicklung der Internet-Möglichkeiten auch »online« erledigt werden. Das zum 1. August 2011 eingeführte VDH-Ausstellerportal ist zu einem wichtigen kostenlosen Service für die Aussteller geworden, der zunehmend genutzt wird. Für registrierte Nutzer sind erhebliche Erleichterungen im Vergleich zur traditionellen Meldung verbunden. Alle Angaben zur Person und zu Hunden werden bei der Meldung gespeichert und müssen nur einmal eingegeben werden. Bei späteren Meldungen zu anderen Internationalen oder Nationalen Ausstellungen müssen dann nur noch der Name des Hundes eingegeben werden und die Klasse, in die er gemeldet werden soll. Bei einigen Ausstellungen des VDH ist das Meldegeld über PayPal und Kreditkarte zu bezahlen, auch eine wichtige Erleichterung, zumal das VDH-Ausstellerportal eine Erinnerungsfunktion beinhaltet, damit Sie keinen Meldeschluss versäumen. Wenn Sie sich beteiligen wollen: Sie finden das

VDH-Angebot unter www.vdh.de/ausstellerportal.

Was brauchen Sie als Grundausstattung für die Ausstellung? Auf jeden Fall eine der Größe Ihres Hundes entsprechende Vorführleine. Die gibt es in unterschiedlicher Breite, was sofort einleuchtet, wenn Sie an die vielerlei Größen unserer Hunde denken; eine Deutsche Dogge, ein Rottweiler, ein Riesenschnauzer brauchen andere Vorführleinen als ein Beagle, ein Mops, ein Cocker Spaniel oder ein Bichon Frisé. Es gibt sie in fast jeder denkbaren Farbe, und das hat nichts mit Marotten zu tun: Die Vorführleine soll nämlich im Idealfall mit der Fellfarbe des Hundes korrespondieren. Ein schwarzer Hund wird sinnvollerweise mit einer schwarzen Leine vorgeführt, einer mit weißem oder vorwiegend weißem Fell mit einer weißen Leine. Sie sollten unbedingt vermeiden, dass eine Leine mit nicht passender Farbe den Hals des Hundes »unterbricht« und ihn dadurch optisch kürzer erscheinen lässt. Auch sehr schmale und feine Lederleinen in unterschiedlicher Farbe sind im Angebot der Industrie.

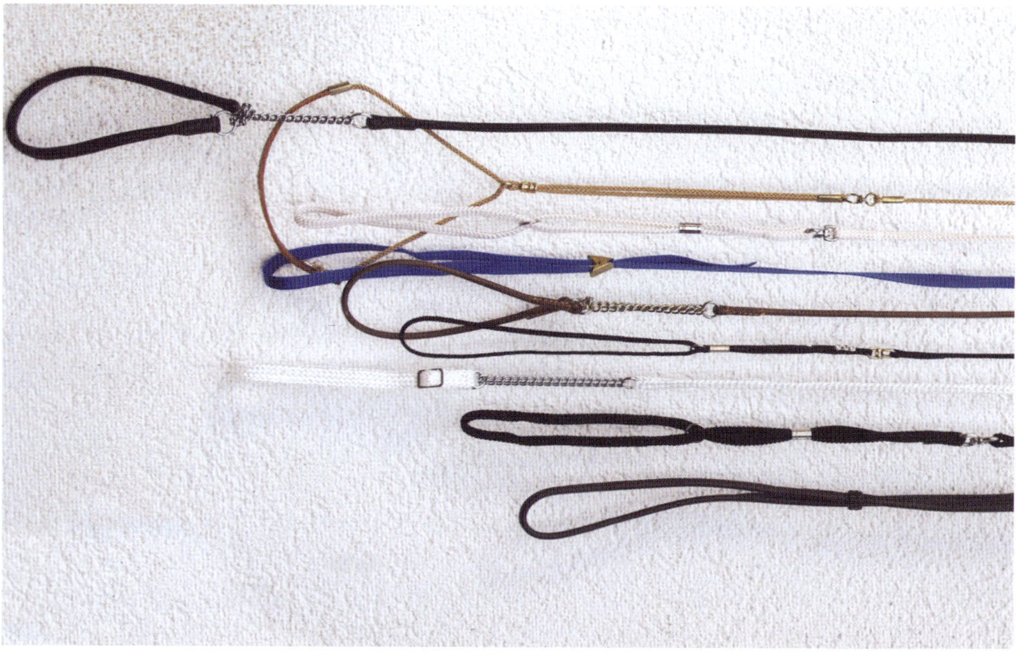

Vorführleinen gibt es in einer großen Auswahl von Längen, Stärken und Farben.

Kämme und Bürsten gehören ebenfalls zur Ausstattung für die Ausstellung. Vor allem langhaarige Hunde brauchen vor ihrem Auftritt im Ring oft noch eine letzte Auffrischung ihres Haarkleids; die eigentlichen Trimmarbeiten sollten allerdings schon vorher zuhause abgeschlossen worden sein. Auf einigen Ausstellungen sind Kontrolleure des VDH unterwegs und unterbinden, wenn gegen die Vorschriften doch frisiert, geschnitten, gesprayt oder gepudert wird.

Handtücher und Lappen sollten Sie immer dabei haben. Manche Hunde entwickeln beim Autofahren, vor allem im Sommer, einen starken Speichelfluss, manche haben das aus Aufregung auch noch im Ring. Das ist nicht nur optisch unschön, es ist auch für den Richter nicht angenehm, einem solchen Hund in den Fang zu schauen. Oft müssen Sie auch beim Hinweg zur Ausstellungshalle vom Regen aufgeweichtes Terrain durchqueren, und das ist vor allem für hellfarbene Hunde oft misslich. Gerade für solche Fälle ist es wichtig, entsprechendes Trocknungs- und Reinigungsmaterial mitzuführen.

Kämme und Bürsten gehören zur Grundausstattung für eine Ausstellung.

Bei Ausstellungen in Hallen werden die teilnehmenden Hunde oft in Boxen untergebracht. Dafür empfehle ich Ihnen, eine entsprechende Unterlage mitzuführen, auf der sich Ihr Hund wohl fühlt. Für den Veranstalter ist es verständlicherweise wünschenswert, dass Hunde, die gerade nicht im Bewertungsring tätig sind, sich in ihren Boxen aufhalten. Das zahlende Publikum, das durch die Hallen geht und vielleicht nach einer bestimmten Rasse schaut, möchte natürlich deren Vertreter in natura sehen. Das gilt übrigens genau so, wenn Sie ihre eigene Box mitbringen. Auch diese Hunde sollen dem interessierten Publikum nicht verborgen bleiben.

Zur Ausrüstung für den Ausstellungstag, die schon vorher bereit gestellt sein sollte, gehört selbstverständlich ein Wassernapf, das Wasser selbst brauchen Sie nicht unbedingt mitzubringen, das gibt es im Ausstellungsgelände. Da die Luft in den Hallen meist sehr trocken ist und auch die Temperaturen vor allem im Sommer oft deutlich ansteigen, ist eine ausreichende Versorgung Ihres Hundes mit Flüssigkeit dringend notwendig, das gilt übrigens auch für den Aussteller.

Für Spezial-Rassehunde-Ausstellungen, die oft im Freien stattfinden, ist zu einem Zelt zu raten, das gegen Sonne wie gegen Regen schützt und das heute in sehr praktikablen Ausführungen auf dem Markt ist.

Vor der Fahrt zur Ausstellung werden Sie sich – je nach Entfernung zum Aus-

Bringen Sie eine Liegeunterlage für Ihren Hund mit, auf der er sich wohl fühlt.

stellungsort – Gedanken über die Anreise machen. Es gibt Aussteller, die eine mehrstündige Fahrt nicht stört; sie treten ihre Reise in den ganz frühen Morgenstunden an, ihnen macht dieser Aufwand nichts aus. Es gibt andere Aussteller, wiederum eine sehr lange Anreise vorausgesetzt, die lieber eine Übernachtung in der Nähe des Veranstaltungsortes vorsehen. Sie halten es für sich und für ihren Hund günstiger, eine Übernachtung einzuplanen, um dann ausgeschlafen zur Ausstellung zu kommen. Aber da gibt es keine Regel. Jeder muss das für sich entscheiden, und er muss wissen, ob er sich in den Wintermonaten eine stundenlange Fahrt im Dunkeln bei vielleicht unsicheren Wetterverhältnissen zumuten möchte.

Mehr und mehr hat sich in den vergangenen Jahren ein Ausstellungs-Tourismus im Wohnmobil durchgesetzt. Bei den großen VDH-Ausstellungen gibt es inzwischen gesonderte Parkplätze für Wohnmobile. Die Dichte des Ausstellungskalenders macht es möglich, einige Ausstellungen – auch solche im Ausland – in einem Reiseprogramm zu verbinden. Als die »Mutter des Ausstellungstourismus« gilt die »Mittelmeerwoche«, die mit drei Internationalen Ausstellungen in San Remo, Monte Carlo und Nizza innerhalb von sieben Tagen nicht zuletzt wegen der im Frühjahr so eindrucksvollen Kulisse (San Remo und Monte Carlo finden im Freien statt!) Aussteller aus vielen Ländern anzieht. Nach einer Unterbrechung ist die »Mittelmeerwoche« wieder im Ausstellungsprogramm.

Der Ausstellungskandidat sollte vor Antritt der Reise fit sein für die Schau. Bei den notwendigen Formalitäten sollte alles passen, Ihr Hund muss für den großen Tag parat sein. Einen Debütanten im Ausstellungsring sollten Sie so vorbereitet haben, dass er keine Scheu vor Menschen und auch nicht vor anderen Hunden hat. Dem Anfänger wird es gut tun, wenn er sich im Laufe seines jungen Lebens möglichst viel in belebter Umgebung (Stadt, Einkaufszentren, Restaurants, Bahnhof) bewegt hat. All das schafft Selbstsicherheit und vermeidet Stress beim Hund, und je weniger er auf der Ausstellung von Stress geplagt ist, desto ruhiger und ausgeglichener wird er sich im Ring zeigen. Dieser Aspekt einer zielgerichteten Vorbereitung kann nur Gutes bewirken – Gelassenheit resultiert auch beim Hund aus einer Vielzahl unterschiedlicher Erfahrungen.

In diesen Zusammenhang gehört zumindest auch die Überlegung, die Ausstellungskarriere eines jungen Hundes nicht unbedingt mit einer Internationalen Ausstellung beginnen zu lassen. Die Hallen sind oft brechend voll von Besuchern, in den Gängen herrscht gelegentlich drangvolle Enge, es kommt zu

Das Gedränge auf großen Ausstellungen kann für unerfahrene Hunde eine große Belastung sein.

sehr direkten Begegnungen mit anderen Hunden unterschiedlicher Größe – nicht jeden Hund lässt das unbeeindruckt.

Manches spricht also dafür, als Einstieg in die Schauwelt eine Spezialausstellung für Rassehunde zu wählen, die oft im Freien stattfindet. Hier begegnet Ihr Hund erst einmal Artgenossen seiner Rasse, die ganze Szene ist weit weniger hektisch und alles hat einen eher familiären Charakter. Hier kann sich Ihr Hund problemlos akklimatisieren, und das gilt im Übrigen auch für den Aussteller. Der Zeitplan ist hier nicht so eng, es bleibt mehr Zeit für die unmittelbare Vorbereitung. Aber auch das ist eine Entscheidung, die Ihnen als Aussteller vorbehalten bleibt. Aus eigener Erfahrung kann ich nur raten, diese Überlegung nicht von vornherein zu verwerfen.

Ihr Hund soll sich bei der Ausstellung ganz selbstverständlich im optimalen Pflegezustand präsentieren. Speziell bei den langhaarigen Rassen muss das Haar in Ausstellungskondition sein, so,

Hier hindurch mit Hund? Lieber nicht!

wie es in aller Regel der Rassestandard beschreibt. Zu solchen Rassen gehören beispielsweise Bobtail, Neufundländer, Afghanen, Cocker Spaniel und diverse Vertreter der FCI-Gruppe 9. In diesem Bereich kann durch unkundige Hände vieles »verdorben« werden. Wenn Sie also nicht selbst absolut firm sind beim Zurechtmachen Ihres langhaarigen Hundes, lassen Sie unter allen Umständen nur einen ausgewiesenen Fachmann für die Rasse an Ihren Hund. Auch Züchter sind nach gemachten Erfahrungen nicht unbedingt Garanten für ein sachgerechtes Trimmen, und die »Do it Yourself«-Methode kann im schlimmsten Fall zu einer längerfristigen Verunstaltung des Haarkleides führen. Um nur ein Beispiel zu nennen: Das nicht fachgerechte Bearbeiten der Decke (Rücken) eines langhaarigen Hundes kann vom Richter nicht toleriert werden, weil es einen unzulässigen Eingriff in das typische Erscheinungsbild darstellt, der geahndet werden muss.

Bei den Langhaarigen ist Baden vor der Ausstellung Pflicht, bei den Kurzhaarigen kann es aus Sauberkeitsgründen auch angebracht sein. Absolut nicht hinnehmbar für den Richter ist ein offensichtlich schmutziger Hund. Natürlichkeit sollte generell die Parole für das Auftreten Ihres Hundes im Ring sein, und dem widerspricht auch nicht, wenn er gebadet worden ist und wenn seine Zähne von unschönem Zahnstein befreit sind – ganz abgesehen davon, dass dies eine wichtige Vorbeugung vor frühem Zahnverlust ist.

Bei Hunden, die nicht oft auf hartem Untergrund laufen, wachsen die Krallen an den Pfoten schneller. Sie zu kürzen ist nicht nur eine Frage der Optik. Auf eine sinnvolle Länge reduzierte Krallen erleichtern Ihrem Hund das Laufen vor allem auf Parkett oder auf Stein.

Zu den letzten Vorbereitungen vor dem Ausstellungstag sollten auch noch einmal ein paar Runden im Garten oder im Park an der Vorführleine gehören. Vor allem Ausstellungsneulinge sollten den Unterschied zwischen der üblichen Leine für den Spaziergang und der Vorführleine kennen, sie sollten wissen, dass mit dieser speziellen Leine etwas anderes verbunden ist. Die meisten Hunde spüren das sehr wohl. Sie wissen sehr bald die »andere« Leine der anderen Situation zuzuordnen, sie reagieren tatsächlich anders als auf die Leine für den Spaziergang.

1. Meldeschluss beachten – rechtzeitiges Melden spart Geld
2. Auch Online-Meldungen sind möglich
3. Formulare korrekt auszufüllen vermeidet späteren Ärger
4. Verboten auf der Ausstellung: Pudern, Sprayen, Schneiden, Hund am Galgen
5. Komplettes Zurechtmachen erfolgt zuhause
6. Kämme, Bürsten, Handtücher, Vorführleine zurechtlegen
7. Richtige Fahrtenplanung
8. Ein Plädoyer für die Spezialausstellung (SRA)
9. Optimaler Pflegezustand ist Pflicht

Kapitel 6

Der AUSTELLUNGS-TAG

Wie lange die Fahrt zur Ausstellung auch sein mag, einige Dinge gelten immer. Sie haben alle notwendigen Utensilien beisammen, von den Pflegegegenständen, den Tüchern und Decken, dem Trinknapf und das Wasser für unterwegs bis hin – falls vorhanden – zur fahrbaren Hundebox. Dann ist noch wichtig, dass die richtige Kleidung dabei ist: Bei Ausstellungen im Freien ist zu bedenken, dass das schönste Wetter auch im Sommer umschlagen kann, dass ein Gewitter im übelsten Fall auch einmal das ganze Ausstellungsgelände unter Wasser setzen kann; dann ist es hilfreich, wenn Regenkleidung und Gummistiefel im Gepäck sind.

Ausstellungshallen können in den Wintermonaten empfindlich kalt und im Sommer heiß und stickig sein. Auch hier gilt: Je kompletter Sie ausgestattet sind, desto weniger unangenehm wird der Tag für Sie sein. Denken Sie daran: In das Auto passt mehr, als man oft vermuten möchte. Ein besonderes Thema kann das Wetter sein, wenn Sie vom Auto ein längeres Stück zur Ausstellungshalle oder auf das Schaugelände zu gehen haben, und oft sind die Wege wirklich unangenehm weit. Vor allem kleinere, helle oder gar weiße und langhaarige Hunde können bei richtigem Schmuddelwetter ihre ganze zuhause liebevoll hergestellte Ausstellungs-Pracht in Minuten verlieren. Das können bittere Augenblicke für Sie als Aussteller sein, denn es ist oft schwierig, das vor Beginn des Richtens wieder einigermaßen hinzukriegen, vor allem, wenn Sie in einer der ersten Bewertungsklassen an der Reihe sind.

Ganz wichtig: Am Hundeeingang müssen Sie einen Impfpass mit dem Nachweis der gültigen Tollwut-Schutzimpfung den kontrollierenden Tierärzten vorweisen. Heute ist der EU-Impfpass das offizielle Dokument, ohne ihn wird Ihnen der Zugang zur Ausstellung nicht gestattet. Das gilt für die großen Internationalen/Nationalen Ausstellungen und für die Spezialausstellungen für Rassehunde gleichermaßen.

Für den Fall irgendwelcher Nachfragen der Schauleitung ist es ratsam, dass Sie eine Kopie der Ahnentafel dabei haben. Bestätigungen für den Start in der Gebrauchshundklasse oder in der Championklasse sind wichtig, wenn Ihr Hund durch einen Fehler der Schauleitung in eine falsche Klasse gesetzt wurde; mit den genannten Nachweisen können Sie eine Umsetzung in die richtige Klasse vor Beginn des Richtens erwirken.

Es ist zu empfehlen, dass Sie alle diese Unterlagen in einen speziellen Ordner geben, den Sie unverändert zu jeder Ausstellung mitnehmen können. Bei den Internationalen/Nationalen Ausstellungen werden heute Meldebestäti-

Pflicht: Der Impfpass

gungen verschickt, die Sie unbedingt dabei haben sollten. An ihnen befinden sich meistens Coupons für einen Katalog, oft für eine Erinnerungsgabe und meistens für Futterproben eines Herstellers.

Bei den Spezialausstellungen wird dieser Aufwand in aller Regel nicht betrieben. Es empfiehlt sich aber, dass Sie einen Beleg über die bezahlte Meldegebühr zur Hand haben. Bezahlt oder nicht bezahlt hat schon oft zu Diskussionen zwischen Schauleitung und Aussteller geführt. Durch den entsprechenden Beleg sind sie schnell zu beenden.

Je nachdem, wie Ihre Planungen sind, mit oder ohne Übernachtung: In jedem Fall ist rechtzeitiges Aufbrechen dringend anzuraten. Es muss ja nicht gleich eine Panne oder ein Verkehrsunfall sein – auch Staus zur Unzeit nerven, weil sie alle Planungen komplett über den Haufen werfen können.

Vor allem für die großen Ausstellungen gilt: Wenn der Beginn des Richtens für 9.30 Uhr festgelegt ist, sollten Sie um 8.00 Uhr in der Halle oder zumindest auf dem Schaugelände angekommen sein. So haben Sie die Möglichkeit, sich stressfrei zu Ihrem Ring zu bewegen und sich dort in Ruhe für die nächsten Stunden einzurichten. Eine solche Planung ist umso mehr zu empfehlen, weil sie auch Ihrem Vierbeiner zugute kommt, denn Ihre Nervosität würde sich sehr schnell auf Ihren Hund übertragen.

Bei guter Zeitplanung haben Sie die Impfpass- und Gesundheitskontrolle hinter sich, wenn die Schlange an den Hundeeingängen immer länger wird und das Gedränge immer lästiger. Kleine Hunde geraten dann zwischen große oder sehr große, und das ist nicht unbedingt förderlich vor allem für solche, die das noch nicht kennen.

Am Eingang steht die Veterinärkontrolle.

Erfahrene Aussteller kommen so rechtzeitig, dass sie ihren Platz in unmittelbarer Nähe des Ausstellungsrings finden, und am besten dort, wo sie einen unverstellten Blick auf das Geschehen im Ring haben. So sollten auch Sie vorgehen. Nicht nur, dass Sie auf diese Weise genau absehen können, wann der eigene Hund an der Reihe ist, Sie können auch beobachten, wie der Richter die Abläufe im Ring haben will und Sie können sich darauf einstellen; Sie können sehen, worauf er beim Laufen besonderen Wert legt, wie ausführlich er laufen lässt, vielleicht auch schon bei Platzierungen erkennen, welches »sein« Typ ist und anderes mehr.

Vielleicht bringen Sie als Aussteller ihre eigene Kennel-Box mit, die Sie für Ihren Hund mit einer Decke auslegen, um es ihm bequem und angenehm zu machen. Nicht vergessen: Vor allem in der Halle dem Hund immer wieder Wasser anbieten, nicht erst, wenn er hechelt. Denken Sie auch daran, dass der Hund sich irgendwann einmal lösen muss, also sein Geschäft verrichten. Dafür gibt es auf den Internationalen/ Nationalen Ausstellungen »Löseplätze«, die Sie Ihrem Hund auch gönnen sollten. Wenn er sich bei der Vorführung im Ring löst, kommt das nicht so gut an, und Sie werden sich fragen lassen müssen, warum Sie ihm das nicht vorher ermöglicht haben.

Gedränge am Halleneingang.

VDH-Service auf dem Löseplatz.

Sie müssen nicht die vom Veranstalter bereit gestellten Boxen nutzen, vor allem dann nicht, wenn diese relativ weit vom Ring entfernt sind. Wenn Sie Ihre eigene Ausstattung mit Trimmtisch und Box dabei haben, sollten Sie allerdings unbedingt darauf achten, sich nicht in die ohnehin schmalen Gänge auszubreiten, von denen aus interessierte Besucher in die Ringe schauen wollen.

Da es im Laufe der Ausstellung nach aller Erfahrung in den Mittagsstunden in den Hallen immer voller wird, gilt: Je früher Sie vor Ort sind, desto größer ist die Wahrscheinlichkeit auf den Platz an der Sonne.

Auf die richtige Kleidung des Ausstellers oder der Ausstellerin »Indoor« oder »Outdoor« wurde bereits hingewiesen. auf entsprechende Sommer- oder Winterkleidung ist sinnvollerweise zu achten. Immer ist bei einer Ausstellung auch damit zu rechnen, dass irgendwelche Zwischenfälle einen Kleiderwechsel erfordern.

Zum Auftritt im Ring gehört, auch wenn das hierzulande noch nicht durchgängig geläufig ist, ein gepflegtes Äußeres, so, wie es auch vom Richter erwartet wird. Wer im Ausland ausstellt oder als Richter tätig ist, kann nur erstaunt sein, wie ausgeprägt – nicht übertrieben – das praktiziert wird.

Das betrifft nicht zuletzt die farbliche Abstimmung von Aussteller und Hund. Beides, Hund und das Outfit des Ausstellers, müssen kontrastieren. Das heißt: Wer einen schwarzen Hund ausstellt, sollte dazu helle Kleidung tragen, damit sich der Vierbeiner optisch gut abhebt. Vergleichbares gilt für den weißen/hellen hund. Hier ist der Kontrast zur dunklen Keidung von Vorteil.

Das ist nicht nur ein modisch optischer Spleen, es ergänzt vielmehr die optimale Präsentation im Ring.

Ihre letzten Vorbereitungen vor dem Richten gehören nach meiner festen Überzeugung Ihrem Hund. Sie sollten ihn nicht erst unmittelbar zuvor aus seiner Box nehmen und mit ihm in den Ring eilen. Jeder Sportler weiß, dass er sich vor seinem Wettkampf »warm« machen muss, um dann in der richtigen Betriebstemperatur starten zu können. Für den Hund gilt genau dasselbe. Er kann steif und ungelenk sein, wenn Sie ihn aus der Box holen, in der er vielleicht bis gerade eben noch tief geschlafen hat. Er soll sich lockern können, sich auch mit den Bodenverhältnissen vertraut machen und die Atmosphäre in der Halle aufnehmen können. Aus eigener Erfahrung weiß ich, wie wichtig das sein kann.

Ausstellungen im Freien finden häufig auf Sportplätzen, auf Wiesen oder dem Vereins-Gelände anderer Rassen statt. Sehr oft sind dort über Nacht noch Kaninchen unterwegs gewesen. Kommt ein Hund auf solches Terrain, wird er sofort die Nase nach unten nehmen und sie je nach Rasse mehr oder weniger intensiv gebrauchen. Wenn er sich da nicht eine gewisse Zeit eingewöhnen konnte, wird er sich bei der Bewertung seiner Bewegung eher weniger vorteilhaft zeigen – Nase am Boden, entsprechend verlaufende Rückenlinie und zwischenzeitliche Stopps werden den Richter nicht zu Begeisterungsstürmen

Fertig für den Einsatz.

verleiten. Die Erfahrung lehrt übrigens, dass es immer wieder Hunde gibt, die sich entweder besser in der Halle zeigen und solche, die im Freien einfacher zu präsentieren sind. Jagdliche oder jagdlich Veranlagte sind häufig bei Hallen-Ausstellungen problemloser auszustellen – die ablenkenden Düfte sind nicht so ausgeprägt wie draußen.

Apropos ablenkende Düfte: In früheren Zeiten war es, wie beschrieben, untersagt, läufige Hündinnen auszustellen. Das ist heute laut Ausstellungsordnung kein Problem mehr. Einige Rüden können allerdings schon mehr oder weniger stark abgelenkt werden, was bei Entscheidungen etwa um das BOB (Bester seiner Klasse) schon einer Rolle spielen kann. Nach meinen Beobachtungen hat es allerdings in den vergangenen Jahren seit Inkrafttreten der Regelung keine gravierenden Komplikationen oder Ärgernisse gegeben. Es ist ja auch von Bedeutung, in welche Tage der Läufigkeit die Ausstellung fällt. Zur Zeit der Standhitze sollte es allerdings die Fairness gebieten, die Hündin zuhause zu lassen.

1. Richtige Kleidung wählen: heller Hund = dunkle Kleidung und umgekehrt
2. Gültigen Impfpass bereit halten
3. Frühes Erscheinen in der Halle und am Ring
4. Eigene Boxen sind erlaubt
5. Der Hund soll ausgeschlafen und aufmerksam in den Ring gehen
6. Heiße Hündinnen dürfen ausgestellt werden – aber bitte nicht in der Standhitze

Kapitel 7

Der Katalog

Bei den großen Hallen-Ausstellungen ist der Katalog ein wichtiges Hilfsmittel für den Aussteller. Er gibt detaillierte Auskünfte für eine ganze Reihe wichtiger Fragen und dient damit der Orientierung: Zum Beispiel, in welcher Halle befindet sich der Ring, in dem mein Hund gerichtet wird. Hallenpläne lassen den richtigen Weg leichter finden, denn nach der tierärztlichen Einlasskontrolle sind manchmal größere Distanzen durch mehrere Hallen hinweg zu absolvieren. Und das ist oft genug eine anstrengende Übung, zumal der Aussteller neben dem Hund oder den Hunden immer auch reichlich Gepäck bei sich hat. Der Blick in den Katalog weist dem Unkundigen den schnellsten Weg, und das ist ein wichtiger Service am Beginn des Ausstellungstages.

In den Hallen wiederum machen die meisten Rassehunde-Zuchtvereine durch weithin sichtbare Transparente und Banner darauf aufmerksam, wo genau der Ring für die entsprechende Rasse platziert ist. Auch das ist ein Service, der bei der Größe und der Unüberschaubarkeit einer großen Halle wertvoll ist.

Der Katalog enthält die Tageseinteilung – Eröffnung der Ausstellung, Beginn des Richtens, Beginn und Abfolge der Wettbewerbe im Ehrenring und auch den Zeitplan für die Gruppenwettbewerbe bis hin zur Ermittlung des besten Hundes der Schau, dem BIS – was für Sie von Interesse sein kann, wenn Ihr Hund sich als Bester der Rasse (BOB) dafür qualifiziert hat. Der Katalog enthält die Ringeinteilung mit Angabe der Ring-Nummer, den Namen des dort amtierenden Richters und der in diesem Ring zu richtenden Rassen, und es werden alle Rassehunde-Zuchtvereine mit Kontaktadressen für interessierte Besucher aufgelistet.

Der Katalog ist ein wichtiges Hilfsmittel für den Aussteller.

Auch wichtige Bestimmungen der Ausstellungsordnung sind zur allgemeinen Information im Katalog abgedruckt, beispielsweise, dass vor dem Ausstellungsschluss die Hunde nicht aus dem Zuchtschaugelände entfernt werden dürfen. Diese Bestimmung wird zwischenzeitlich ziemlich liberal gehandhabt. Bei einigen Internationalen/ Nationalen Ausstellungen können die Aussteller die Veranstaltung nach Beendigung des Richtens in den Ringen verlassen, bei anderen wiederum gehen die Organisatoren etwas restriktiver vor. Verständlich aus der Sicht der Veranstalter ist in jedem Fall, dass das zahlende Publikum möglichst viele Rassen zu sehen bekommen soll. Nicht jeder Besucher kann schon am Vormittag in den Hallen sein, und wer erst am frühen Nachmittag dafür Zeit hat, der möchte natürlich auch noch Ausstellungshunde sehen. Er hat immerhin den vollen Eintrittspreis entrichtet.

Der erste Blick des Ausstellers gilt verständlicherweise den Mitbewerbern. Die Hunde werden im Katalog getrennt nach Rüden und Hündinnen in den Klassen aufgeführt, in die sie gemeldet worden sind. Genannt werden die Katalognummer die gleichzeitig die Startnummer ist, der offizielle Name des Hundes wie er auf der Ahnentafel steht, seine Zuchtbuchnummer, der Wurftag, die Namen der Eltern, der Name des Züchters und der des Besitzers. Als Aussteller wissen Sie also, mit wem es Ihr Hund im Ring zu tun hat. Erfahrene Aussteller werden entweder zufrieden sein mit der Konkurrenz, nach dem Motto: Da habe ich gute Chancen mit meinem Hund, oder sie werden klagend feststellen, dass der Hund X oder Y, der schon bei früheren Ausstellungen erfolgreich war, auch wieder gemeldet wurde.

Aber: Jede Ausstellung ist eine neue Herausforderung und auch eine neue Chance für alle Teilnehmer, und ganz selten wiederholen sich die Ergebnisse, es sei denn, es ist ein Hund dabei, der eine Zeit lang als Überflieger von Erfolg zu Erfolg eilt. Für die Anfänger in der Ausstellungsszene spielen solcherart Überlegungen ohnehin keine Rolle. Sie gehen unbeschwert und unbelastet in das »Abenteuer Ausstellung«, natürlich nicht ohne Nervosität, aber die bleibt meistens auch später erhalten.

Durch den Blick in den Katalog wissen Sie, wann die Klasse mit Ihrem Hund an der Reihe ist. Das ist wichtig, weil pünktliches Erscheinen im Ring zu den Pflichten des Ausstellers gehört. Das ist gut und richtig so, vor allem auf den großen Ausstellungen können Verzögerungen durch zu spät erscheinende Aussteller den gesamten Zeitplan durcheinander bringen.

Der Aussteller hat also die Pflicht, sich über den Fortgang des Richtens auf dem Laufenden zu halten. Kommt er zu spät, ist der Richter bereits beim Platzieren der Klasse, kann er allenfalls noch einen Formwert erhalten, nicht aber bei der Platzierung der besten vier Hunde dabei sein. Das muss dem Richter zugestanden werden, denn er steht unter einem erheblichen Zeitdruck, wenn er 70, 80 oder 90 Hunde zu bewerten hat und die für Wettbewerbe Qualifizierten rechtzeitig in den Ehrenring schicken will.

Pünktlichkeit im Ring ist also in vielerlei Hinsicht wichtig. Der Ringordner sollte überhaupt nicht in die Lage kommen, Aussteller lauthals aufrufen zu müssen – Sie sollten Ihre Vorbereitungen abgeschlossen haben, sich mit dem Hund eingelaufen haben und in den Ring kommen, wenn die Hunde der vorherigen Klasse den Ring verlassen haben. Das funktioniert übrigens in einigen Ländern so vorzüglich, dass man nur bewundernd staunen kann. Auf den Punkt hellwach und top fit in den Ring zu gehen, ist für Hund und Mensch die optimale Ausgangssituation für ein erfolgreiches Handling. Das erkennt natürlich auch der Richter, der sich oft genug nur wundern kann, wie leger so manches Gespann den Ring betritt.

1. Katalog dient der Orientierung und weist den Weg zum Ring
2. Enthält den kompletten Zeitplan für den ganzen Tag
3. Alle Konkurrenten sind aufgeführt
4. Blick in den Katalog informiert über Tempo und Fortgang des Richtens

Kapitel 8

Richtiges Handling – Jetzt gilt es

Der große Moment ist gekommen. Sie gehen mit Ihrem Hund in der im Katalog festgelegten Reihenfolge, die mit der Startnummer identisch ist, in den Ring. Sie haben Ihren Hund bestmöglich vorbereitet und ihm die passende Vorführleine angelegt. Ihr eigenes Outfit sollte angemessen sein, es müssen nicht immer Jeans und Polohemd sein.

Gehen Sie konzentriert in den Ring. Halten Sie über die Vorführleine Kontakt mit Ihrem Hund, er muss spüren, dass dies kein »Gassi-Gehen« ist.

Sie sollten nicht denken, dass das erste Betreten des Rings eine Nebensächlichkeit und unwichtig wäre. Seien Sie von diesem ersten Augenblick an aufmerksam.

Der Richter schaut schon da sehr genau auf Ihren Hund; wie verhält er sich anderen Hunden gegenüber, ist er ruhig und ausgeglichen oder aber versucht er, gegen seine Artgenossen zu stänkern, kläfft er dauernd oder wird er sogar aggressiv? Schon zu diesem Zeitpunkt könnte der Richter den Hund aus dem Ring weisen, die Ausstellung wäre für ihn zu Ende bevor sie begonnen hat. Auch und gerade Ausstellungshunde müssen sozialverträglich Mensch und Tier gegenüber sein. Dies ist heute eines der wichtigsten Kriterien in der

Das Laufen in der Einzelbewertung.

Rassehunde-Zucht, es gehört zum »Schaufenster der Kynologie«.

Alle Hunde werden zunächst aufgestellt und so dem Richter in möglichst vorteilhafter, aber nicht übertriebener oder unnatürlicher Haltung vorgestellt. Dabei erhält der Richter schon deutliche Hinweise auf anatomische Gegebenheiten. Er wird die Reihe Hund für Hund abschreiten und dabei jedem tief in die Augen schauen, denn der Ausdruck gehört zu den ganz wichtigen Kriterien bei der Beurteilung.

Beim Aufstellen sollten Sie unter keinen Umständen den Hund am Kopf und an der Rute hochheben und ihn auf diese Weise ausbalancieren. Das ist vor allem bei kleineren Rassen eine Unsitte geworden und erweckt häufig den Unwillen von Zuschauern und es ist auch wirklich kein schöner Anblick.

Sie sollten auch Ihren Hund in dieselbe Richtung aufstellen, wie die anderen. Es ist vor allem bei Rüden zu vermeiden, dass sie sich Nase an Nase gegenüberstehen und dabei eventuell auf ungute Gedanken kommen. Ideal wäre es, wenn der Hund ohne Hilfen und ganz natürlich an der Leine gehalten stehen bliebe und sich so beurteilen ließe. Bei einigen Rassen wird das ausdrücklich verlangt.

Ein English Springer Spaniel wurde in die verkehrte Richtung aufgestellt.

Danach folgt die erste Gangwerksprobe, meistens läuft da die ganze Klasse im großen Kreis. Wenn die Klasse zu groß ist, wird der Richter sie teilen, um damit einen besseren Blick auf den Bewegungsablauf der einzelnen Kandidaten zu haben.

Dabei ist es ganz wichtig, dass Sie einen guten Abstand zum Aussteller vor Ihnen und dessen Hund halten, denn nichts ist in der Ausstellungsszene unsportlicher, als den voraus laufenden Konkurrenten in der Bewegung zu behindern, aus dem Rhythmus zu bringen und damit vielleicht den Hund so zu irritieren, dass er für eine gewisse Zeit sogar komplett aus dem Takt gerät. Auch sollte der vorweg Laufende niemals überholt werden, auch wenn der andere langsamer ist. Das gehört zum kleinen Einmaleins der Ausstellungspraxis. Allenfalls auf Weisung des Richters darf ein Hund in der Gruppen-Bewegung einen anderen, deutlich langsameren überholen.

Wichtig: Das Laufen mit dem Hund erfolgt immer gegen den Uhrzeigersinn, der Hund wird immer mit der linken Hand geführt. Bei diesen ersten Runden erhält der Richter schon deutliche Aufschlüsse mit gelegentlich schon vorentscheidendem Charakter, die sich in der Einzelbewertung sehr häufig bestätigen.

Nach zwei oder drei Runden der gesamten Klasse beginnt die Einzelbewertung, und zwar zunächst im Stand. Je nach Größe der Rasse wird sie entweder auf dem Boden oder auf dem Tisch, meistens einem Trimmtisch, erfolgen. Größere Rassen sind solche mit einer Widerristhöhe von mehr als 45 Zentimeter, kleinere Rassen sind die unterhalb dieses Stockmaßes, beispielsweise der English Cocker Spaniel. Andere Spaniel-Rassen wiederum, wie der English Springer oder Irish Water Spaniel werden auf dem Boden bewertet.

Die Bewertung im Stand:
Allgemeiner Eindruck, Größe, Proportionen, Harmonie.

Brusttiefe, Widerrist, Vorderhand, Rippenwölbung.

Hinterhand, Sprunggelenk, Parallelität der Läufe.

Im Kommen (und im Gehen).

Bei dieser Einzelbegutachtung im Stand verschafft sich der Richter einen allgemeinen Eindruck. Es geht um die Gesamterscheinung, um den Typ und vor allem auch um den Geschlechtstyp (ist der Rüde wirklich maskulin und die Hündin feminin); ein Rüde mit einem femininen Kopf kann ebenso wenig typisch sein, wie eine Hündin mit einem ausgeprägten Rüdenkopf. Es geht um Harmonie, wie passen Kopf und Gebäude zusammen. Es geht um die Ausstrahlung des Lebewesens Hund, die der Richter im jeweiligen Rassetyp erkennen muss.

Die Gebisskontrolle gehört dazu, und da ist es gut, wenn Sie das geübt haben und Ihr Hund sich problemlos in den Fang schauen lässt. 42 Zähne hat das Hundegebiss und Abweichungen davon (fehlende oder überzählige Zähne) werden je nach Rasse und je nach dem Grad der Abweichung geahndet oder bestraft und können sogar zur Disqualifikation führen. Mancher Rassehundezuchtverein geht mit diesem Thema sehr großzügig um, andere wiederum erlauben nur ganz geringe oder gar keine Abweichungen von der Zahnformel und der Forderung nach Vollzahnig-

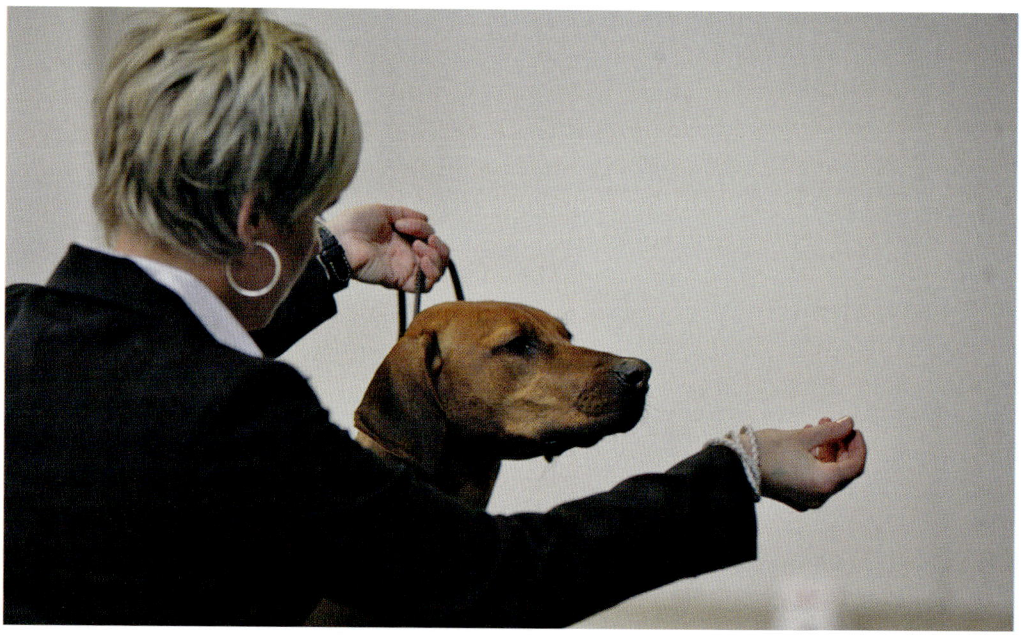

Klar erkennbare Kopfproportionen.

keit. Hunde, die sich der Gebisskontrolle durch Schnappen nach dem Richter entziehen, werden in der Regel disqualifiziert. Bei den meisten Rassen wird das Scherengebiss verlangt, bei einigen wird das Zangengebiss toleriert und vereinzelt gibt es auch den Vorbiss zu sehen.

Der Hund wird weiter vom Richter genau abgetastet. Die Knochenstärke (Substanz), die Bemuskelung, die Brusttiefe und die Rippenwölbung sind wichtige Faktoren für die Gesamtbeurteilung, selbstverständlich auch die Winkelungen und die Länge des Oberarmes, weil sie für den Bewegungsablauf von großer Bedeutung sind. Bei den meisten Rassen spielt die Bewegung eine herausragende Rolle – bei den Laufhunden speziell, bei allen Jagdhunden, bei den Windhunden, aber auch bei den vielen anderen Rassen, für deren Arbeit die kraftsparende Bewegung gehört. Der Hund ist nun einmal ein Lauftier.

Auch die Ruten werden bei der Einzelbegutachtung kontrolliert. Seit dem Kupierverbot ist das ein spezielles Thema geworden. Anomalien im Rutenbereich müssen vom Richter festgestellt und vermerkt werden. Wie der betreffende Verein dann beispielsweise mit eine Knickrute umgeht, liegt in seiner Verantwortung.

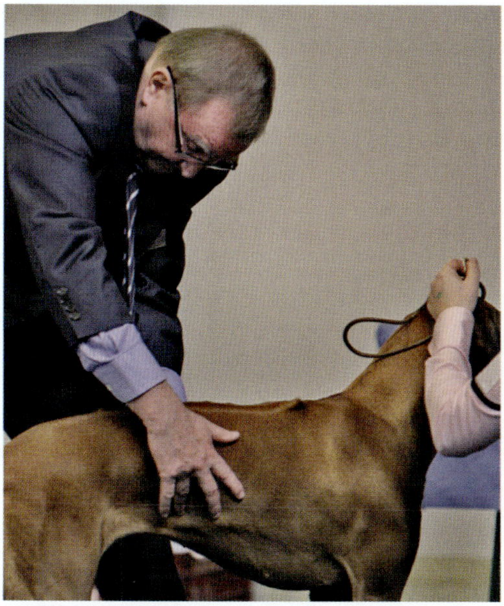

Kräftige Lendenpartie.

Kontrolle der Rute auf Anomalitäten.

Auch der Teckel wird nach dem Laufen am Boden präsentiert.

Kleine Hunde brauchen bewegliche Richter.

Schließlich wird das Haarkleid geprüft. Meistens sagt der Standard etwas über die gewünschte Beschaffenheit des Haares aus, immer jedoch über die Farbe. Es gibt langhaarige und kurzhaarige Rassen, solche, deren Kennzeichen ein drahtiges Haar ist oder ein seidiges, ein kurzes oder ein langes: Die richtige Textur und die passende Länge machen das Rassetypische aus, und wenn das nicht vorhanden oder genügend ausgeprägt ist, wird es Abzüge in der Bewertung geben.

Im Laufe der Bewertungsprozedur soll sich Ihr Hund möglichst vorteilhaft

Platz für die Bewegung auch für kleine Rassen.

präsentieren, am Boden wie auf dem Tisch. Von den älteren und schon routinierteren Hunden darf der Richter das auch erwarten, aber auch die jüngeren können mit einer gefälligen Präsentation Pluspunkte sammeln. Ganz wichtig: Während dieser Prozedur soll Ihr Hund möglichst still stehen bleiben, Sie wiederum sollten dem Richter nicht im Weg stehen. All das erleichtert dem Richter die Arbeit.

Die Detailprüfung ist außerordentlich wichtig, denn sie verschafft über alles Gewissheit, was der Betrachter am Ring aus der Ferne nicht erkennen kann, vor allem, wenn es um langhaarige Hunde mit Bauchfahnen und Befederung an den Läufen geht. Der Richter aber erkennt durch die Detail-Prüfung beispielsweise die genaue Lage der Schulterblätter, Ausprägung der Vorbrust, die Brusttiefe, die Bemuskelung sowie all jene Punkte, die man außerhalb des Ringes allenfalls vermuten kann. So mancher langhaarige Hund wird als »Blender« entlarvt, weil er mehr vortäuscht, als er in Wirklichkeit ist.

Der zweite Schritt in der Einzelbewertung erfolgt bei der Prüfung des Gangwerks, und das wiederum spielt sich in drei Phasen ab.

1. Beim Laufen im Dreieck
2. Beim Laufen geradeaus und zurück
3. Beim Laufen im Kreis

Die Figur beginnt jeweils am Standort des Richters und sie endet auch bei ihm.

Dem Laufen des Dreiecks kommt eine ganz besondere Bedeutung zu. Diese Art der Vorführung ist heute so verbreitet, dass sie im Inland wie im Ausland verlangt wird.

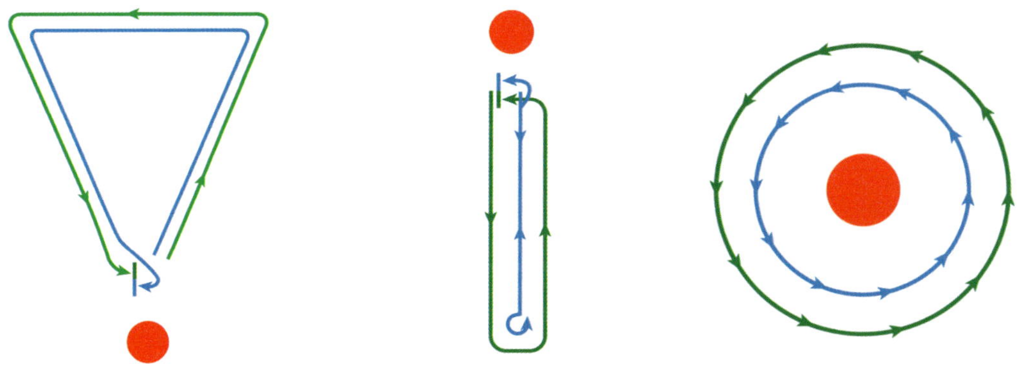

Die drei wichtigsten Vorgaben bei der Bewegung.

Auf das Kommando des Richters »Laufen Sie bitte ein Dreieck« führen Sie Ihren Hund links, bringen ihn in einen gleichmäßigen Trab und folgen den Linien eines gedachten gleichschenkeligen Dreiecks – halbrechts weg vom Richter in einem Winkel von etwa 45 Grad in das eine Ring-Eck, parallel zum Richter in die andere Ring-Ecke und zurück zum Richter. Das klingt eigentlich ganz einfach – und ist es auch, wenn man die Figur einmal begriffen hat. Was in der Praxis zu sehen ist, und zwar bei jeder Ausstellung, sind Dreiecke, die zu engen Kreisen schrumpfen, oder es wird in eine Ecke gelaufen und auf derselben Linie zurück oder die Figur wird gegen den Uhrzeigersinn gelaufen, so dass der Hund zeitweise vom Vorführer verdeckt wird.

Das sauber gelaufene Dreieck ist eine sehr objektive und gerechte Beurteilungsmethode für den Bewegungsablauf, und zwar auch deswegen, weil sie von jedem Hund verlangt wird und auf diese Weise dem Richter ein hohes Maß an Vergleichbarkeit ermöglicht.

Die erste Seite des Dreiecks – weg vom Richter – erlaubt den Blick auf die Hinterläufe: Werden sie parallel geführt, was bei den meisten Rassen im Standard gefordert wird, läuft der Hund hackeneng, pfoteneng oder kuhhessig – was alles nicht erwünscht ist und den Formwert beeinträchtigen kann. Ganz wichtig ist die Seitenansicht, also die Phase, in der Sie Ihren Hund von der einen Ringecke in die andere parallel zum Richter führen, also der laufende Hund in der Seitenansicht. Dabei erkennt der Richter sehr wichtige Einzelheiten. So zum Beispiel werden Schub und Vortritt erkennbar: Der Schub durch deutliches Untertreten der Hinterläufe,

Der Richter kann alles sehen:

Im Gehen

Im Kommen

In der Seitenansicht

der Vortritt erfolgt bei Raumgewinn durch gut bewegliche Schulterblätter verbunden mit einem langen Oberarm. Wenn Schub und Vortritt aufgrund einer korrekten Anatomie zusammen passen, entsteht ein raumgreifender, kraftsparender Bewegungsablauf, wie er bei den Arbeitsrassen und den Jagdhunden als ideal betrachtet wird. Kopfhaltung und Halslänge werden in der parallelen Bewegung sichtbar, beides trägt zum Gesamtbild des Hundes im Bewertungsvorgang bei. Ein Hund, der sich »gut trägt« und sich entsprechend darstellt, wird in der Konkurrenz immer Pluspunkte sammeln. Ganz besonders wichtig ist in dieser Phase der Seitenansicht die Betrachtung der Rückenlinie. Ein straffer gerader Rücken, der in zahlreichen Rassestandards gefordert wird, ist immer auch ein Hinweis auf die funktionalen Fähigkeiten des Hundes und steht daher in der Prioritätenliste der Bewertungskriterien an ganz vorderer Stelle. Es ist davon auszugehen, dass ein Hund mit mattem Rücken kaum in der Lage sein wird, sich in den Arbeiten zu behaupten, für die er eigentlich gezüchtet wurde.

Die dritte Seite des Dreiecks lässt den Richter den Hund von vorn, in der Front, sehen. Auch hier gibt es Abweichungen vom Idealbild der sich parallel bewegenden Vorderläufe, so zum Beispiel nicht gerade Knochen der Vorderhand, lose Ellenbogengelenke durch mangelnde Brusttiefe, paddelnde und ausdrehende Bewegung, bodeneng, fassbeinig, oder die »offene« Vorhand.

Alles, was beim Laufen des Dreiecks zu beobachten ist, fällt unter den Begriff »korrekter Bewegungsablauf«, und der spielt bei der Bewertung des Hundes die letztlich entscheidende Rolle. Tom Horner, eine der großen Richterpersönlichkeiten vergangener Jahrzehnte, hat das Dreieck als unverzichtbar für eine gerechte Beurteilung von Hunden bezeichnet.

Die beiden anderen Figuren, »Geradeaus und Zurück« und der Kreis, ergänzen das Dreieck. Oft wird das »Up and Down« als letztes Kriterium vor der Platzierung oder auch bei der Ermittlung des Rassebesten angewendet, denn jeder Richter möchte einen im Bewegungsablauf weithin korrekten Hund in den Ehrenring schicken.

Gern wird vor der Platzierung auch das »Up and Down« in Verbindung mit einem anschließenden großen Kreis gefordert. Hier kann sich der Hund zum Schluss noch einmal in besonders auffallender Weise dem Richter und dem zuschauenden Publikum präsentieren.

Alle die bei der Gangwerksprüfung verlangten Elemente werden bei Ringtrainings in den Vereinen geübt; Sie können das aber auch im Park, auf der

3. Platz im Gruppen-Wettbewerb.

Wiese oder im eigenen Garten tun, wenn Sie ihren Hund an die Vorführleine nehmen und ihn im Dreieck, im Kreis oder »Up and Down« bewegen. Dabei sollte ein sachkundiger Hundefreund dabei sein, der korrigierend eingreift, auch schon, wenn es um das Tempo beim Trab geht. Das soll nämlich keinesfalls zu hoch, »übereilt« sein, sondern ein »Arbeitstrab«, wie ihn auch die Pferdeleute kennen.

Nach Abschluss der Einzelbewertungen im Stand und in der Bewegung folgen die Platzierungen. Es ist die erste spannende Phase in der Konkurrenz, denn nur die Klassensieger qualifizieren sich für weitere Ausscheidungen bis hin zum BOB. In der Regel werden vier Hunde in der Reihenfolge 1 bis 4 platziert, sofern sie die Formwertnote »vorzüglich« oder sehr gut« erhalten haben. Es passiert aber auch, dass der Richter in einer Klasse kein »vorzüglich« vergeben hat; in diesem Fall gibt es auch keine Qualifikation für weitere Wettbewerbe.

Alle Hunde der Klasse werden also noch einmal aufgebaut und in möglichst optimaler Schaupräsentation dem Richter gezeigt. Dieser geht die Reihe noch einmal ab, schaut sich dabei jeden Hund noch einmal ganz genau an; hier geht es dann wirklich um die letzten Feinheiten, vor allem bei den Kandidaten, die für den ersten Platz und damit als Klassen-Gewinner vom Richter auf seinem Bewertungsbogen notiert worden sind. Dazu können auch noch einmal zwei oder drei Runden im Trab verlangt werden, bis sich der Richter absolut sicher über das Ergebnis ist. Die Unterschiede, die letztlich den Ausschlag geben, können sehr gering sein und nicht selten ist es dieses letzte Laufen, das den Ausschlag gibt. In jedem Fall sollten Sie als Aussteller bis zum letzten Augenblick der Konkurrenz konzentriert und aufmerksam bleiben und Ihren Hund in Spannung halten.

Sollte Ihr Hund die Qualifikation für einen Wettbewerb im Ehrenring bekommen haben (Bester Junghund, Bester Veteran oder gar Bester der Rasse), geben Sie ihm die Möglichkeit, sich zu erholen, gönnen Sie ihm, soweit möglich, etwas Ruhe. Ausstellungen sind für den Hund anstrengend, vielleicht noch mehr psychisch als physisch aufgrund der vielfältigen Eindrücke, mit denen er konfrontiert wird. Die Hunde brauchen in jedem Fall Kondition und Wesensstärke, um einen ganzen Ausstellungstag fit zu überstehen, und es ist schon häufig vorgekommen, dass ein Hund seine brillante Form und sein überragendes Auftreten im Bewertungsring später im Ehrenring mangels Kondition nicht mehr zu zeigen imstande war.

Unbedingt beachten:

1. Sie und ihr Hund sollten den Ring aufmerksam betreten
2. Den Hund rassegerecht, aber natürlich aufstellen
3. Beim Laufen in der Gruppe Abstand halten
4. Laufen generell: Den Hund immer links führen und gegen den Uhrzeigersinn
5. Kleinere Rassen werden auf dem Tisch beurteilt
6. Als Aussteller Ruhe bewahren, vor allem bei der Zahnkontrolle
7. Saubere Bewegung und richtiges Tempo beim Trab ist die halbe Miete
8. Die geforderten Figuren korrekt laufen – das Dreieck darf kein Kreis werden
9. Den Hund bis zuletzt über die Leine in Spannung halten
10. Vor einem Auftritt im Ehrenring dem Hund eine Ruhepause gönnen

Kapitel 9

Der STANDARD und die FORMWERTE

Ganz einfach ausgedrückt ist der Standard die Grundlage für die Bewertung jedes Rassehundes bei einer Ausstellung. Für jede der rund dreihundert Rassen gibt es einen Standard. Er wird formuliert von dem Land, aus dem die Rasse stammt. Deutschland ist das Mutterland vieler Rassen, z.B. der Deutsche Schäferhund, Boxer, Dobermann, Teckel, die Deutsche Dogge, die Deutschen Vorstehhunde, die Münsterländer, der Bayerische und der Hannoveraner Schweißhund, Leonberger oder Rottweiler, Pinscher, Schnauzer und viele andere Rassen. Standardgebende Länder für zahlreiche Rassen sind auch England und Frankreich.

Von den Ländern und den für die Rassen zuständigen Vereinen wird festgelegt, was das typische Erscheinungsbild einer Rasse ausmacht: Allgemeines Erscheinungsbild, Größe, Kopf und Gebäude, Beschaffenheit des Haarkleids und seine Farbe, oft auch das Gangwerk werden exakt beschrieben. In manchen Standards wird auch eindeutig ausgeführt, welche Punkte beispielsweise zwingend zur Disqualifikation eines Hundes führen. Farbfehler gehören dazu, Über- oder Untergröße, bestimmte Verhaltensfehler (Aggressivität oder Ängstlichkeit).

Immer werden die FCI-Standardkommission und auch die Wissenschaftliche Kommission Standard-Eingaben prüfen, bevor sie dem FCI-Vorstand zur Beschlussfassung vorgelegt werden. Erst nach dessen Zustimmung wird der Standard für alle Länder im Geltungsbereich der FCI geltendes Recht. Auch das Ursprungsland der Rasse wird von der FCI festgelegt. Es erhält damit das alleinige Recht für spätere Standard-Änderungen.

Jeder Züchter, jeder Aussteller und vor allem alle Ausstellungsneulinge können sich den Standard ihrer Rasse ohne Schwierigkeiten im Internet besorgen, und zwar unter www.fci.be. Anhand des Standard-Textes kann jeder seinen Hund an den vorgegebenen Kriterien messen, ihn mit dem beschriebenen Bild vergleichen.

Je näher der Hund dem im Rassestandard beschriebenen Idealbild kommt, desto besser wird das Ergebnis sein.

So manche Diskussion über Richterurteile würde gar nicht erst entstehen, wenn die Kenntnisse über bestimmte Standard-Anforderungen bei Züchtern und Ausstellern ausgeprägter wären.

Im Standard wird das Idealbild einer Rasse beschrieben. Und zwar in unterschiedlicher Ausführlichkeit. Es gibt Standards, die wünschte sich auch der Richter aussagekräftiger, und es gibt solche, die eher geschwätzig sind und eine Vielzahl an Details enthalten, die eher verwirren, als dass sie Klarheit brächten. Da geht es gelegentlich bei bestimmten Proportionen um Nuancen, die kaum mehr zu messen und daher kaum nachzuvollziehen sind.

Generell gilt aber: Der Standard ist die Grundlage jedweder Beurteilung im Ring bei Ausstellungen und noch mehr bei Zuchtzulassungsprüfungen. Er ist die beste Anleitung für den Züchter und für dessen die Zucht verbessernden Bemühungen. Ohne intensive Standard-Kenntnisse kann kein Richter richten, kein Züchter züchten und kein Aussteller unvoreingenommen ausstellen. Der Richter, der sich bei seiner Arbeit in dem vom Standard vorgegebenen Rahmen bewegt, wird immer auch Kompromisse machen müssen, weil es den Hund ohne Fehler oder auch ohne Mangel nicht gibt. Auch der inzwischen in jeden Standard enthaltene Satz »Jede Abweichung von den vorgenannten Punkten muss als Fehler angesehen werden, dessen Bewertung in genauem Verhältnis zum Grad der Abweichung stehen sollte und dessen Einfluss auf die Gesundheit und das Wohlbefinden des Hundes und seine Fähigkeit, die verlangte rassetypische Arbeit zu erbringen« gibt dem Richter bei seiner Entscheidung über Formwert und Platzierung einen gewissen Spielraum.

Der Standard also als das in Worte gefasste Idealbild einer Rasse: Das muss der Richter im Kopf haben und es in der kurzen Zeit des Bewertungsvorgangs mit den vor ihm stehenden Exemplaren vergleichen – und je näher der Hund dem im Standard beschriebenen Idealbild kommt, desto besser wird das Ergebnis sein.

Ich habe bereits darauf hingewiesen, dass der auf dem ersten Platz stehende Hund nicht zwangsläufig den höchsten Formwert, also »vorzüglich« erhält. Gelegentlich gibt es für den Klassengewinner ein »sehr gut«, also die zweithöchste Formwertnote. Solche Entscheidungen sind nicht sehr populär und sorgen für Diskussionen unter den Ausstellern. Wenn Diskussionsbedarf besteht und wenn Sie wissen wollen, warum Ihr Hund »sehr gut« und nicht »vorzüglich« bekommen hat, gehen Sie nach dem Richten auf den Richter zu und sprechen Sie ihn an. Sie werden alle Auskünfte erhalten. Haben Sie aber Verständnis, wenn der Richter erst am Ende des Bewertungsvorgangs für Fragen zur Verfügung steht.

Natürlich wünscht sich jeder Aussteller und speziell jeder Züchter, dass sein Hund in der Skala der Formwerte ganz oben landet. Im Laufe der vergangenen ist es aber zu einem ziemlich unguten Zustand gekommen, nämlich dass – und es ist nicht übertrieben – drei Viertel der gemeldeten Hunde und mehr ein »vorzüglich« zugesprochen bekommen. Das verwischt in gravierender Weise die Kriterien einer abgestuften Bewertungsskala, denn es legt den Schluss nahe, dass es doch sehr viele Hunde gibt, die dem »Idealbild der Rasse« sehr nahe kommen.

Ich bezeichne diesen übrigens in allen Ländern zu beobachtenden Zustand als V-Schwemme, die zweifellos viele Aussteller erfreuen mag, die aber für die Entwicklung einer Rasse eher hinderlich ist. Und ganz nebenbei: Was mag ein Aussteller empfinden mit einem wirklichen Spitzenhund an der Leine, wenn er sieht, dass die meisten seiner Mitbewerber, auch die mit minderer Qualität, ebenfalls mit diesem höchsten Prädikat ausgezeichnet werden?

Vorzügliches, raumgreifendes Gangwerk eines Laufhundes.

Es ist interessant, einmal in älteren Publikationen und Ausstellungsberichten zu blättern und zu sehen, wie damals gerichtet und bewertet wurde. Das »vorzüglich« war die Seltenheit, es wurde nur ausgesprochen sparsam vergeben – hat sich die Qualität der Rassen wirklich so rasant verbessert?

Zum besseren Verständnis und vielleicht auch zur besseren Einordnung seien an dieser Stelle die Formwerte beschrieben, wie sie in Deutschland und in allen Mitgliedsländern der FCI zur Beurteilung von Hunden herangezogen werden.

Es sind: Vorzüglich, Sehr gut, Gut, Genügend, Disqualifiziert.

Vorzüglich

darf nur einem Hund zuerkannt werden, der dem Idealstandard der Rasse sehr nahe kommt, in ausgezeichneter Verfassung vorgeführt wird, ein harmonisches, ausgeglichenes Wesen ausstrahlt, von großer Klasse ist und eine hervorragende Haltung hat. Seine überlegenen Eigenschaften seiner Rasse gegenüber werden kleine Unvollkommenheiten vergessen machen, aber er muss die typischen Merkmale seines Geschlechtes besitzen.

Sehr gut
wird nur einem Hund zuerkannt, der die typischen Merkmale seiner Rasse besitzt, von ausgeglichenen Proportionen und in guter Verfassung ist. Man wird ihm einige verzeihliche Fehler nachsehen, jedoch keine morphologischen. Dieses Prädikat darf nur einem Klassehund verliehen werden.

Gut
ist einem Hund zu erteilen, welcher die Hauptmerkmale seiner Rasse besitzt, aber Fehler aufweist, unter der Bedingung, dass diese nicht verborgen werden.

Genügend
erhält ein Hund, der seinem Rassetyp genügend entspricht, ohne dessen allgemein bekannte Eigenschaften zu besitzen oder dessen körperliche Verfassung zu wünschen übrig lässt.

Disqualifiziert
erhält ein Hund, der nicht dem durch den Standard vorgeschriebenem Typ entspricht, ein eindeutig nicht standardgemäßes Verhalten zeigt oder aggressiv ist, mit einem Hodenfehler behaftet ist, einen erheblichen Zahnfehler oder eine Kieferanomalie aufweist, einen Farb- und/oder Haarfehler hat oder eindeutig Zeichen von Albinismus erkennen lässt. Dieser Formwert ist ferner dem Hund zuzuerkennen, der einem einzelnen Rassemerkmal so wenig entspricht, dass die Gesundheit beeinträchtigt ist. Mit diesem Formwert muss auch ein Hund bewertet werden, der nach dem für ihn geltenden Standard einen ausschließenden Fehler hat.

Ohne Bewertung
bleibt ein Hund, dem keine der vorgenannten Formwertnoten zuerkannt werden kann. Der Grund ist im Richterbericht anzugeben.

Zurückgezogen
Als »zurückgezogen« gilt ein Hund, der vor Beginn des Bewertungsvorganges aus dem Ring genommen wird.

Nicht erschienen
Als »nicht erschienen« gilt ein Hund, der nicht zeitgerecht im Ring vorgeführt wird.

Verspätet erscheinende Aussteller
Wird ein Hund in den Ring gebracht, nachdem einer der Hunde der betreffenden Klasse bereits platziert ist, so scheidet er für die Platzierung aus. Er erhält jedoch eine Formwertnote. Das geschieht öfters, vor allem in den frühen Vormittagsstunden, wenn Aussteller im

Der Größte wurde auch der Schönste.

Stau stecken geblieben sind und nicht mehr rechtzeitig in den Ring kommen können.

Die Beschreibungen sind einfach, klar und verständlich. An den vorzüglichen Hund werden nach dem Wortlaut extrem hohe Anforderungen gestellt. Aber auch das »sehr gut«, also der zweithöchste Formwert, fordert einen »Klassehund«. Da ist oft die Enttäuschung derer nicht nachzuvollziehen, die mit einem sehr gut prämierten Hund aus dem Ring kommen.

Diese Entwicklung ist indessen nicht allein in Deutschland zu beobachten, sie geht durch alle FCI-Länder mit ihrem speziellen Ausstellungsreglement.

Die Hunde, die ihre Klasse gewonnen haben, treten zum Ende der Ausstellung zur Ermittlung des Rassebesten (Best of Breed) an.

Bei Internationalen Ausstellungen werden aus der Zwischenklasse, der Offenen Klasse, der Gebrauchshundklasse und der Championklasse der/die

Beste getrennt nach Geschlechtern bestimmt. Der/Die Beste erhält das CACIB (Anwartschaft auf das Internationale Schönheitschampionat) der/die Zweitbeste das Reserve-CACIB.

Unbedingt zu beachten und für Sie als Aussteller wichtig ist, dass nach Ermittlung des CACIB-Hundes der Zweitplatzierte aus dessen Klasse in den Wettbewerb um das Reserve-CACIB mitläuft, und gar nicht selten gewinnt dann gerade dieser Hund das Reserve-CACIB.

Einige Vereine vergeben auch CACs, das sind Anwartschaften auf das Nationale Championat oder auf das Klub-Championat. Um den Besten der Rasse zu ermitteln, kommen dann noch der beste Jugendklasse-Hund, der beste Hund der Ehrenklasse und der beste Veteran dazu, und aus ihrer Mitte wird unter dem meist großen Jubel der Fans der BOB vom Richter bestimmt.

Wichtig:

1. Der Standard ist das geschriebene Idealbild der Rasse.
2. Er ist Arbeitsgrundlage des Richters.
3. Zu viele »V« schaden der Entwicklung der Rasse.
4. Skala der Formwerte muss besser ausgeschöpft werden.

Kapitel 10

Der RICHTER-BERICHT

In Deutschland bekommt jeder Aussteller – wie in den meisten FCI-Ländern – einen Bericht über seinen Hund, in dem der Richter beschreibt, wie er den Hund gesehen hat. Grundlage dafür ist, wie ausgeführt wurde, der Standard-Text. Am einfachsten wäre es, würde der Richter der Standard-Vorgabe folgen und alle darin beschriebenen Punkte aufzählen. Das ist aber nicht zu leisten, die Berichte würden erheblich zu lang und die Prozedur würde jeden zeitlichen Rahmen sprengen.

Anders als in den sechziger und siebziger Jahren sind Richter heute vor allem auf Internationalen Ausstellungen oftmals zeitlichen Zwängen ausgesetzt. 14 Hunde pro Stunde sind laut VDH-Ausstellungsordnung dem Richter zuzumuten. Das heißt: Für jeden Hund bleiben im Schnitt nicht einmal 5 Minuten für eine Stand- und Bewegungsbeurteilung und für die Formulierung des Richterberichts. Auf Spezialausstellungen ist das etwas anders. Dort wartet nicht ein eng gesteckter Zeitplan wie bei den Internationalen mit Junior Handling, Zucht- und Nachzuchtgruppen-Wettbewerb, Bester Junghund, Bester Veteran, Paarklassen-Wettbewerb bis hin zu den Wettbewerben der einzelnen FCI-Gruppen.

Zeitzwänge haben Auswirkungen auf die Qualität und den Umfang von Richterberichten. Er kann nicht in epischer Breite angelegt sein, sollte aber auch nicht derart verkürzt sein auf beispielsweise »Ein sehr typvoller Hund mit richtigen Proportionen und gutem Gangwerk«. Davon hat niemand etwas, am wenigstens der Aussteller, der doch immer gespannt auf das Urteil aus berufenem Mund ist, oder gar der Züchter, der vom Richterbericht entsprechende Hinweise erwartet.

Aber den befriedigenden Mittelweg zu finden, ist wahrlich schwierig. Es muss in der Beschreibung deutlich werden, warum ein Hund ein Sieger ist, und es muss aus dem Bericht ebenso deutlich werden, warum ein Hund den Formwert »gut« erhalten hat.

Im Idealfall soll sich der Formwert logisch und selbstverständlich aus dem vom Richter Geschriebenen ergeben. Der Bericht beginnt mit Allgemeinen Erscheinungsbild (Harmonie, bestimmte allgemeine Rassemerkmale). Es folgt der Kopf (gut proportioniert, Ausdruck bei allen Rassen wichtig), Hals (Länge, trocken oder Wamme), Gebäude (lang, kurz, tief, untere Linie), Winkelungen (knapp, sehr gut, ausgeprägter Widerrist), Vorder- und Hinterläufe (parallel, zu kurz, hochläufig). Pfoten (geschlossen, gut aufgeknöchelt), Rute (Ansatz, wie getragen) Haarkleid (standardgerecht, gepflegt), Bewegung (raumgreifend, trippelnd, short in action), Rückenlinie in der Bewegung (fest, drehend, durchhängend).

ROYAL CANIN
WISSEN UND RESPEKT

FCI VDH

Richterbericht /Judge's report

Name des Hundes: Name of dog			
Rasse: Breed			
Rüde ☐ Dog	Hündin ☐ Bitch	Wurftag: Date of birth	
Klasse: Class	Kat.-Nr.: Cat. No.		
Zuchtbuch-Nr.: Studbook number			
Tätowierung ☐ Tattoo	Mikrochip ☐ Microchip	Ident.-Nr.: Ident. No.	Nicht lesbar ☐ Not readable
Eigentümer: Owner			

Beurteilung/Evaluation

Gebiss: Bite	Schere ☐ Scissor bite	Zange ☐ Pincer bite	Vorbiss ☐ Undershot mouth	Rückbiss ☐ Overshot mouth	Sonstiges: Anything else
Es fehlen: Missing teeth	Prämolare: Premolars	Schneidezähne: Incisors	Eckzähne: Canines	Molaren: Molars	

Für den Aussteller

Widerristhöhe: Height at withers

Formwertnote	Platz	BOB	
Anw. Dt. Ch. VDH	Res.-Anw. Dt. Ch. VDH	CAC	Res. CAC
Anw. Dt. Jug. Ch. VDH	Res.-Anw. Dt. Jug. Ch. VDH	Anw. Dt. Vet. Ch. VDH	Res.-Anw. Dt. Vet. Ch. VDH

Datum Date — Ort Place

Name des Zuchtrichters Judge's name — Unterschrift des Zuchtrichters Judge's signature

①

Der neue Richterbericht enthält auch gewonnene Anwartschaften, Titel usw.

Der Richterbericht wird vor Ort erstellt und begründet die Bewertung des Hundes.

All das könnte in einem aussagekräftigen Richterbericht enthalten sein. Aber eine gute Schilderung des Exterieurs mit detaillierter Beschreibung einzelner Körperteile mit eindeutigen Bezeichnungen und Fachbegriffen wird ein Wunsch bleiben, der allenfalls bei Zuchtzulassungsprüfungen zu verwirklichen ist.

Wenn es auch nicht zu ändern ist, so ist das doch zu bedauern, weil ein ausführlicher und sorgfältiger Richterbericht vor allem für Züchter wertvolle Hinweise für geplante Paarungen darstellen kann. Der österreichische Kynologe Emil Hauck hat schon zu Beginn des vergangenen Jahrhunderts festgestellt, dass die Kunst der Beschreibung (also des Richterberichtes) vielleicht nicht lehrbar sei, aber durch »heißes Bemühen« soweit erlernbar, dass der Kenner sich den beschriebenen Hund mit den wesentlichen Vorzügen und Mängeln vorstellen könne.

Der Kopf spielt bei der Beschreibung eine besondere Rolle.

Das gilt gleichermaßen für die kürzeren Berichte. Auch sie müssen das Wesentliche – positiv wie negativ – zum Ausdruck bringen. Insgesamt muss der Aussteller den Richterbericht als die schriftlich formulierte Feststellung von Tatsachen sehen, die der Richter bei seiner Tätigkeit im Ring für jeden Hund zum Ausdruck bringt.

Ganz und gar unpassend sind dann Formulierungen wie »Ich wünschte mir…« (einen längeren Hals) oder das völlig unpräzise »schön« (schönes Haarkleid, schöner Ausdruck). So etwas sagt wenig aus, und es ist für Aussteller, ganz besonders für Ausstellungs-Neulinge, wenig hilfreich. Notwendig sind eindeutige Hinweise auf die Vorzüge und die Schwachstellen eines Hundes, vor allem, wenn sein Einsatz in der Zucht beabsichtigt ist. Insofern ist das FCI-System mit Formwert und Richterbericht deutlich informativer, als das englische System, bei dem allein die vier platzierten Hunde einer Klasse eine kurze Beschreibung vom Richter erhalten, und die auch nicht an Ort und Stelle, sondern sie wird später in den beiden Zeitschriften *Dog World* und *Our Dogs*.

Richterberichte sind Informationen für den Aussteller und ganz besonders für Züchter. Sie machen das »Schaufenster der Kynologie« transparent, sie erfüllen es mit Leben und sie sind, wenn sie sich nicht in der Suche nach Fehlern verlieren, unentbehrlich. Der VDH hat vor einigen Jahren das Berichtsformular vereinheitlicht, neben dem eigentlichen Bericht sind dort auch Formwert und Platzierungen eingetragen sowie Anwartschaften für verschiedene Titel, Veteranen- und Jugendsieger sowie BOB.

Sie als Aussteller werden den Bericht über Ihren Hund sicher zuhause nachlesen, sich dann vielleicht den Hund aufgrund des Geschriebenen anschauen und dann hoffentlich dem Richter und seiner Beschreibung zustimmen, denn Objektivität, die auf einer gediegenen Sachkenntnis beruht, ist bei der Beurteilung wie bei der Berichterstattung erstes Gebot (Walther Porst).

Insgesamt, so hat es auch Robert Bandel bereits 1975 formuliert, falle dem Richterbericht eine erhebliche züchterische Bedeutung zu. Der Züchter erhält dadurch Auskunft über Vorzüge und Fehler gleichermaßen, die ein Rüde oder eine Hündin hat und wie sie im Blick auf die Nachzucht einzuordnen sind.

Zu bedenken ist:

1. Richterberichte sollen den Hund möglichst genau beschreiben
2. Zeitdruck verhindert oft ausführliche Berichte
3. Aus dem Bericht sollte der vergebene Formwert zu erkennen sein
4. Der Bericht soll dem Züchter wertvolle Hinweise geben
5. Gute Berichte machen das Richten transparent

Kapitel 11

Der RICHTER

Der Richter ist aufgrund seiner Ausbildung berechtigt, Formwerte und Titelanwartschaften zu vergeben, Zuchtzulassungen auszusprechen oder Tagessieger (Bundessieger, Europasieger und sogar Weltsieger) zu küren. Der Verband für das Deutsche Hundewesen stellt an seine Zuchtrichter hohe Anforderungen. In der VDH-Zuchtrichterordnung heißt es: »Talent, Kompetenz und persönliche Integrität sind die tragenden Säulen des Zuchtrichteramtes.« Auf Ausstellungen in Deutschland können Ihnen drei Arten von Zuchtrichtern begegnen:

Spezial-Zuchtrichter

Sie sind für eine oder auch für mehrere Rassen als »Spezialisten« ausgebildet worden. Vor allem auf Spezial-Rassehundeausstellungen sind sie fast in der Regel anzutreffen. Sie sollen über den Stand der Zucht, über Stärken und Schwächen der Population bestens informiert sein, sie verfügen über spezielle rassetypische Detailkenntnisse. Bei Zuchtzulassungsprüfungen sind sie immer gefordert.

Der Spezialist kennt die Details.

Gruppenrichter
sind solche, die aufgrund ihrer Ausbildung durch den VDH eine oder auch mehrere FCI-Gruppen bewerten dürfen. Oft sind sie durch ihr spezielles Interesse an Rassen der von ihnen »gelernten« Gruppen gewissermaßen »gehobene Spezialrichter«, sie beschränken sich gern auf die gewählten Rassen.

Allgemeinrichter / Allrounder
sind befugt, die Hunde aller 10 FCI-Gruppen, also rund 350 Rassen, zu richten und dabei Titelanwartschaften ohne Einschränkungen zu vergeben.

In der gegenwärtigen Ausstellungsszene sind immer häufiger Allrounder aus dem Ausland eingeladen, die für den Veranstalter oft sehr hilfreich wegen ihrer vielseitigen Einsatzmöglichkeiten sind.

Sie als Aussteller erkennen einen guten Richter daran, dass er bei den Rassen, die er richtet, die wichtigen rassetypischen Details kennt und sie richtig bei seiner Bewertung einordnet. Gruppen- und Allgemeinrichter aus dem Ausland werden gelegentlich etwas misstrauisch beäugt, weil sie für die Ausstel-

Beagle mit harmonischer Bewegung.

Der Mops, eine liebenswerte Rasse, heute in den Blickpunkt geraten.

ler nur schwer einschätzbar sind. Allgemein- und Gruppenrichter sollten sich in besonderer Weise verpflichtet fühlen, sich auf jede Ausstellung durch die Lektüre der Standards vorzubereiten. Kein Allgemein- und kein Gruppenrichter kann die Standards aller von ihm zu bewertenden Hunde im Detail auswendig wissen. Deshalb wird er sich nach Bekanntwerden der von ihm zu richtenden Hunden immer wieder und bei jedem Mal aufs Neue intensiv vorbereiten müssen. Sie als Aussteller einer einzigen Rasse merken sofort, ob der Richter sich auf diesen Ausstellungstag vorbereitet hat, Sie merken es bei der Bewertung im Stand und in der Bewegung, und Sie erkennen es spätestens bei den Platzierungen, ob er sich im allgemeinen und damit im mehr unverbindlichen Rahmen bewegt – oder ob da einer am Werk ist, der weiß, worauf es bei dieser speziellen Rasse ankommt.

Der Standard ist die einzige Vorgabe für den Richter, an die er sich ohne Wenn und Aber zu halten hat. Er hat bei der Standard-Auslegung die Stärken und die Schwächen eines Hundes immer auf die Bedeutung für die Gesundheit und Funktionalität der Rasse zu gewichten. Dieser Punkt ist seit einigen Jahren mehr und mehr in den Fokus (auch der Öffentlichkeit) geraten und ist so zum zentralen Thema des

Übertypisierungen durch die betonte Hervorhebung einzelner Standardmerkmale haben bei manchen Rassen zu Problemen geführt, wie z.B. hier beim Basset Hound durch verkürzte Läufe und lose Haut.

Richtens geworden. War es über Jahrzehnte hinweg Ziel des Richtens, bestimmte Standardforderungen immer deutlicher herauszuarbeiten und sie durch entsprechende Herausstellungen positiv zu bewerten, weiß man heute, dass diese Bemühungen in Einzelfällen zu Übertypisierungen mit negativen Folgen für die Gesundheit der Rasse geführt haben.

Heute werden Richter in vielen Ländern bei ihrem Einsatz darauf hingewiesen, welches aus der Sicht der Veranstalter »Problemrassen« sind, also solche, bei denen die Gesundheit, die Fitness, die Bewegung und ihre funktionale Verwendung durch die übertriebene Förderung bestimmter Standard-Merkmale gefährdet sind. Rassen aller FCI-Gruppen sind davon betroffen, mit Ausnahme die Hunde der Gruppe 7 (Englische und Kontinentale Vorstehhunde).

Wichtig ist aber vor allem die Erkenntnis, dass Hundeausstellungen heute weit mehr sind als Schönheitswettbewerbe. Die Zeit der Übertypisierungen bestimmter Rassemerkmale ist zu beenden, das ist das Ziel der heutigen Kynologie. Barbara Müller, zuständig für Ausstellungen und Richter im Vorstand der Schweizer Kynologischen Gesellschaft, hat es so auf den Punkt gebracht: »Züchter und Richter müssen sich immer bewusst sein, dass die körperliche und mentale Gesundheit und Gebrauchsfähigkeit unserer Rassehunde das Ziel der Bemühungen sein muss.« Warum ist das so wichtig? Übertreibungen bei der Bewertung haben beispielsweise Rassen mit zu kleinen Nasenlöchern produziert, denen inzwischen das Atmen schwerfällt, es gibt Rassen mit zu viel loser Haut und übertriebener Faltenbildung mit Folgen für die Augen, die Kopfproportionen mit immer mehr verkürztem Fang sind bei einigen Rassen stark verschoben – der Beispiele gäbe es mehr.

Auf der Crufts 2012 wurde das Thema Gesundheit erstmals sehr heftig thematisiert durch das Eingreifen von Veterinären. Als Rassebeste (BOB) gekürte Hunde (English Bulldog, Pekingese, Clumber Spaniel und Basset Hound) wurden unmittelbar vor Beginn des Gruppenwettbewerbs aus der Konkurrenz genommen und disqualifiziert, das BOB wurde ihnen entzogen, und zwar wegen gesundheitlicher Beeinträchtigungen – eine Lösung und ein Vorgehen, das nicht befriedigen kann. Wenn es bei diesen Hunden gravierende Auffälligkeiten gegeben hat, hätten sie schon vorher im Bewertungsring nicht als Rassebeste ausgezeichnet werden dürfen. Es scheint also noch Aufklärungsbedarf zu bestehen. Richter müssen soweit die Entwicklung der von ihnen gerichteten Rassen kennen, dass sie schon bei der Einzelbewertung im Ring einschreiten.

Richter zu sein, kann heute weniger denn je ein Ego-Trip sein; Richter zu sein ist die ernsthafte und verantwortungsbewusste Arbeit zum Nutzen unserer Hunde. Der Hund muss das tun können, wofür er gezüchtet wird, er muss »Fit for Function« sein. Funktionale Natürlichkeit muss als wichtigstes Ziel der Hundezucht heute gefordert werden, und das muss durch Bewertungen, Platzierungen und Siegertitel erreicht werden. Die Zuchtrichter tragen die Verantwortung für die Rassen. Sie müssen daran gemessen werden, wie erkennbar sie das praktizieren. Das Ziel ist formuliert: Ausschließlich gesunde Hunde gehören in den Ausstellungsring. Sie werden beobachten, dass bei der Platzierung zum Schluss immer auch unterschiedliche Hunde gewinnen können. Ist die Interpretation des Standards am Ende doch nicht so einfach? Sie kann es nicht sein, denn jeder Standard hat ja den Zusatz, dass Abweichungen von den Standard-Anforderungen im genauen Verhältnis zum Grad der Abweichungen zu bewerten sind.

Das ist zwar kein Freibrief für willkürliches Richten, aber es lässt doch gewisse Spielräume, weil es eben den mangel- oder fehlerfreien Hund nicht gibt. Sie wissen alle, dass sich die Aussteller sehr bald ihre Meinung über den

Unterschiedliche Rassen beim Gruppen-Wettbewerb. Da können auch persönliche Vorlieben des Richters eine Rolle spielen.

Richter gebildet haben. »Bei dem muss man viel laufen«, »Der steht auf tolle Köpfe«, »Ein fester Rücken ist bei dem die halbe Miete«, »Haarkleid interessiert den weniger«. Das ist aber nur die halbe Wahrheit.

Eigentlich müssen Richter das Gesamtkunstwerk Hund immer als Ganzes und als eine Einheit sehen, und eigentlich sollte das – auch ausgiebige – Laufen bei allen Exemplaren des Lauftieres Hund eine »conditio sine qua non« sein: ohne das Laufen geht nichts. Aber so ist es leider nicht immer.

Sie können nicht erwarten, dass alle Richter zu demselben Ergebnis bei der Bewertung kommen. Das wäre langweilig und würde das gesamte Ausstellungswesen zementieren: Die Sieger wären immer dieselben, die Formwerte blieben natürlich auch immer gleich, und die Besitzer, deren Hunde zwei- oder dreimal mit einem »sehr gut« nachhause gegangen sind – wo es doch so viele V-Hunde gegeben hat – werden bestimmt nicht ein weiteres Mal zur Ausstellung gehen. Also ein Plädoyer für die Freiheit der Standard-Interpretation? In gewisser Hinsicht ja, aber nur mit Einschränkungen; es gibt Punkte, da sind unterschiedliche Interpretationen nicht erlaubt.

Der Richter ist »Chef im Ring«.

Das sind Aggressivität und Ängstlichkeit sowie die durch Übertypisierungen entstandene Beeinträchtigungen der Gesundheit und der Funktionalität. In diesen Bereichen sind alle Richter verpflichtet, ihre Aufgabe ohne Abstriche zu erfüllen und das müsste bedeuten: Disqualifikation eines in dieser Form auffällig gewordenen Hundes. Die Richter im Ring müssen Zeichen setzen.

Der Richter ist in des Wortes wahrem Sinne »Chef im Ring«. Er bestimmt die Abläufe, er gibt das Tempo des Richtens vor und ebenso, wo er die Schwerpunkte seines Richtens setzt. Sie werden immer wieder an Richter geraten, bei denen das Laufen besonders wichtig ist und die auf diesen Teil der Beurteilung auch strengere Maßstäbe anlegen, als andere, für die ein großer Kreis oder einmal »Up and Down« für die Bewertung des Gangwerks ausreicht. Das ist zu wenig.

Halten Sie sich auch vor Augen, dass der Richter immer nur eine Momentaufnahme Ihres Hundes sieht. Er kann nur bewerten, was in den wenigen Minuten der Präsentation gezeigt wird. Nur dann hat das heutige Bewertungssystem eine Chance für die Zukunft. Bei sehr jungen Hunden wird er vorsichtig sein und keine sichere Prognose für die mutmaßliche weitere Entwicklung geben. Auch wenn sich die Anatomie Ihres Hundes

Er ist oben angekommen.

von der Jugendklasse bis zum Erwachsensein nicht mehr grundsätzlich verändert, so ist doch während des Reifeprozesses noch manches im Fluss. Brusttiefe beispielsweise oder die Rippenwölbung, bei Langhaarigen das endgültige Haarkleid können sich sehr wohl noch ausprägen. Das ist für einige Rassehunde-Zuchtvereine auch der Grund, weswegen sie in der Jugendklasse den Formwert »Sehr gut« als höchstes Prädikat vergeben.

Der Richter steht unter dauernder kritischer Beobachtung.

Es jedem recht zu machen, wäre illusorisch. Autorität und Ansehen kann ein Richter nur gewinnen, wenn er eine klare Linie verfolgt, und zwar vom ersten bis zum letzten Hund des Ausstellungstages. Das möglichst großzügige Verteilen des Formwertes »Vorzüglich« trägt nicht dazu bei, Achtung bei den Ausstellern zu gewinnen. Natürlich sollen es Hunde erhalten, die dieses Prädikat verdienen. Aber wenn der Prozentsatz vergebener »Vs« bei 90 oder mehr liegt, dann kann das nicht gut sein – zumindest nicht für die Rasse und ihre Entwicklung. Denn nach wie vor lenken die Richter durch ihre Bewertungen die Zucht in erheblichem Maß, und deswegen müssen sie auch von der Bandbreite der Formwerte Gebrauch machen. Sie müssen sich das

Auch ein Sieger.

trauen, sonst kann man das ganze Bewertungssystem in seiner jetzigen Form kippen.

Der sichere Umgang mit dem Standard und seinen Forderungen schafft dem Richter Autorität, genauso, wenn er für alle sichtbar am Ring erkennbar nicht das »andere Ende der Leine« sondern allein den Hund im Auge hat. Er gewinnt Autorität, wenn der bei der Vergabe des Formwerts und vor allem bei der Platzierung sicher ist und dafür nicht minutenlang überlegt. Sein Auftreten im Ring und seine Körpersprache tragen dazu bei, dass Sie als Aussteller Formwert und Platzierung Ihres Hundes akzeptieren. Das Urteil des Richters ist im Übrigen unangreifbar.

Die FCI hat ihren Richtern verpflichtend vorgegeben:

»An Ausstellungen sind die FCI-Ausstellungsrichter verantwortlich für die Auswahl und die Platzierung der besten Hunde jeder Rasse. Dies ermöglicht es, dass diese Hunde als Grundstock des Gen-Pools ihrer Rasse in die Zucht kommen und so verantwortungsvollen Züchtern die Möglichkeit zu einer sorgfältigen Zuchtauswahl bieten.«

An dieser Forderung erkennen Sie, welch große Verantwortung der Richter für den Stand und die Entwicklung einer Rasse trägt. Bei Hundeausstellungen, so das Fazit, ist Schönheit nicht – vielleicht nicht mehr – alles. Aber auch ein Schritt zurück zur Natürlichkeit kann Schönheit produzieren. Schon 1986 hat der große Schweizer Kynologe Hans Räber dieses Thema kritisch aufgegriffen: »Best in Show wird in der Regel irgendeine ausgefallene Rasse, zum Beispiel ein Yorkshire Terrier mit einem bis zum Boden reichenden, seidigen Haarkleid, ein Hund also, der zu Hause nie im nassen Gras herumrennen darf, weil sonst seine Haarpracht beschädigt wird … oder man stellt einen glänzend frisierten Pudel auf den ersten Platz oder einen Puli, der kaum mehr aus seinem Haar heraussieht, aber es wird kaum jemals ein korrekt gebauter Vorstehhund oder sonst ein Hund einer ausgesprochenen Gebrauchshunderasse auf dem ersten Platz stehen.«

Umso wichtiger ist es, dass Hundeausstellungen als wichtiges Forum für »Networking« auch zugunsten der Gesundheit und der Natürlichkeit verstanden werden – das ist eine Idee, mit der sich jeder Kynologe und auch jeder Hundefreund auseinandersetzen sollte, eine Möglichkeit, das Ausstellungswesen auch in der Zukunft erhalten zu können.

Wichtig:

1. Einzige Vorgabe für den Richter ist der Standard
2. Übertypisierungen dürfen nicht aus dem Standard interpretiert werden
3. Die Richter allein tragen die Verantwortung für den Fortbestand der Rassehunde
4. Gesunde Hunde im Ring muss das Ziel für die Zukunft sein

Darum dreht sich bei Ausstellungen alles.

Kapitel 12
Junior-Handling

Das »Junior-Handling« (Vorführwettbewerb für Jugendliche) gehört heute ganz selbstverständlich zum Ausstellungsgeschehen. Auf jeder Internationalen/Nationalen Ausstellung und auch bei den Spezialausstellungen für Rassehunde ist das Junior-Handling im Programm. Es erfreut sich weltweit wachsender Beliebtheit. Der rege Informationsaustausch der Junior-Handler aus aller Herren Länder vor der Welthundeausstellung Salzburg 2012 über Facebook zeigte das ganz deutlich.

Junior-Handling gab es zuerst in den Vereinigten Staaten unter der Bezeichnung »Junior Showmanship« in den dreißiger Jahren des letzten Jahrhunderts, von dort kam der Wettbewerb nach England und von dort in die skandinavischen Länder. In Deutschland wie auch in anderen Ländern unterstützte die Firma Pedigree diesen Wettbewerb sehr großzügig, und spätestens seit Ende der achtziger Jahre hat sich Junior-Handling auch in Deutschland durchgesetzt. Auch hier wird jetzt der »Junior-Handler des Jahres« ermittelt und zum großen Finale um den besten »Internationalen Junior-Handler des Jahres« zur Crufts Dog Show nach England entsandt.

Interessanterweise gibt es noch kein einheitliches internationales Reglement, deswegen wird in diesem Zusammenhang allein auf die Bestimmungen der VDH-Regeln eingegangen.

In den meisten Fällen werden Sie als Eltern entscheiden, ob Ihr Kind an einem Junior-Handling-Wettbewerb teilnimmt. Sie können das auf dem Meldeschein für den eigenen Hund in einer gesonderten Sparte vermerken, auch die Rasse, mit der das Kind/der Jugendliche in den Ring gehen soll. Nun ist vor allem anderen erst einmal darüber nachzudenken, ob der/die Kandidat/in dafür überhaupt geeignet ist.

Junior-Handling hat nämlich nichts zu tun mit den auf kleinen Ausstellungen oft zu beobachtenden Kinder-Handling, bei dem Sechs- oder Siebenjährige mit einem großen und kräftigen Hund an der Leine irgendwann zum Ergötzen der Zuschauer quer durch den Ring gezogen werden. Das alles mag lustig sein, hat aber mit Junior-Handling nach dem VDH-Regelwerk wenig zu tun. In jedem Fall müssen gute Regelkenntnisse bei Ihnen und dem Junior-Handler vorhanden sein. Aber auch das reicht noch nicht aus. An erster Stelle aller Anforderungen steht, ob das Kind eine enge, vertrauensvolle Beziehung zum Hund hat, ob es auch bei unvorhergesehenen »Zwischenfällen« während des Bewertungsvorgangs richtig, das heißt in diesem Fall mit Verständnis für den Hund reagiert. Die Erwachsenen in den Konkurrenzklassen der Ausstellungen sind da nicht immer die besten Vorbilder. Und stellen Sie sich auch die Frage: Will das Kind selbst wirklich am Junior-Handling teilnehmen, oder wollen es vielleicht viel mehr Sie?

Die jugendlichen Teilnehmer werden beispielsweise lernen müssen, dass bei der Präsentation Fehler unterlaufen, die vom Richter geahndet werden müssen, und so etwas kann schmerzlich sein, es kann die Freude am Wettbewerb beim Kind schnell auf Null bringen. Junior-Handling soll (und kann) Freude machen, aber es ist nie eine Spaßveranstaltung, es ist ein ernsthafter Wettbe-

Die Gewinner der beiden Altersklassen mit der Richterin.

werb mit klar definierten Regeln und eindeutigen Zielen. Es ist nämlich die Vorbereitung junger Menschen auf ein späteres Vorführen von Rassehunden – so definiert der VDH den Sinn dieses Wettbewerbs, und: im sportlichen, freundschaftlichen Wettbewerb soll der Umgang mit Hunden verschiedener Rassen erlernt werden. Und weiter: Verständnis, Einfühlungsvermögen und Verantwortungsbewusstsein sollen gefördert werden. Besonders wichtig: Fairness, Disziplin und Rücksichtnahme im Verhalten der Jugendlichen untereinander sollen bei aller Konkurrenz gefördert werden.

Perfekte Präsentation.

Fairness ist ein zentrales Anliegen: Es betrifft den Umgang des Handlers mit dem Hund, das Verhalten mit den anderen Handlern und das Verhalten gegenüber dem Richter und dem Ringpersonal. Teilnehmer, die ihre Hunde offensichtlich nicht unter Kontrolle haben, müssen vom Richter ausgeschlossen werden.

Übrigens erkennt ein Richter bei Erwachsenen sofort, wenn ein Aussteller früher Junior-Handler war: Die Technik des Vorführens ist meist um ein Vielfaches besser als bei ungeschulten Ausstellern.

Die offiziellen Altersgruppen beim Junior-Handling sind:

Altersklasse 1: 9 bis 12 Jahre
Altersklasse 2: 13 bis 17 Jahre

Die Punktvergabe sieht folgendermaßen aus: Es werden 5 Teilnehmer platziert, jeder von ihnen bekommt 5 Punkte für seine Teilnahme.

Der Sieger erhält	10 (+5) = 15 Punkte
der Zweite	8 (+5) = 13 Punkte
der Dritte	6 (+5) = 11 Punkte
der Vierte	4 (+5) = 9 Punkte
der Fünfte	2 (+5) = 7 Punkte

Zusätzlich erhält der Tagessieger 5 Punkte, also dann insgesamt 20 Punkte.

Das sollte ein Junior-Handler wissen, daneben gibt es aber noch eine Reihe anderer Anforderungen an die Teilnehmer. Da ist einmal die »Goldene Regel«, die besagt, dass der Handler zu keinem Zeitpunkt zwischen seinem Hund und den Richter geraten darf. Wenn ein Teilnehmer dagegen verstößt, kann er nicht gewinnen. Damit im Zusammenhang steht das »Shadowen« (hergeleitet von Shadow = Schatten). Es dient dazu, dass der in der Goldenen Regel geschilderte Fall nicht eintritt. Es bedeutet, dass er/sie bei der Besichtigung des Hundes auf dem Tisch oder auf dem Boden nicht zwischen Hund und Richter kommt, seine Position also gewissermaßen wie im Schatten des Richters verändert. Dazu braucht es große Aufmerksamkeit und schnelle Reaktionen.

Auch die Kleidung spielt für die Bewertung eine wichtige Rolle. Sie soll passend zur Farbe des Hundes gewählt werden, dass sich der Hund also von der Kleiderfarbe des Handlers gut abhebt; schwarzer Hund vor schwarzem Anzug, oder weißer Hund vor weißem Kleid sind ungünstig, so etwas führt zu Abstrichen in der Bewertung. Gepflegtes Aussehen im Ring ist gefordert. Junge Damen sollten nicht im Minirock ausstellen, »zu lässige Kleidung wirkt ebenso unvorteilhaft wie zu elegante«. Junior-Handler sollten eine Rasse wählen, die zu ihnen passt; zu kleineren oder auch sehr jungen Handlern passt nicht eine ausgewachsene Deutsche Dogge. Auch sollte der Junior-Handler etwas über seinen Hund und die Rasse wissen, der Richter könnte danach fragen.

Übrigens: Der Richter kontrolliert nicht die Zähne, er lässt sie sich vom Junior-Handler zeigen. Für den Richter gilt generell die Regel: »Richte niemals den Hund, richte immer das Handling.« Der Richter muss zwischen den Leistungen des Handlers und den Qualitäten des Hundes unterscheiden können, allein die Qualität des Junior-Handlers ist für das Ergebnis ausschlaggebend. Und vielleicht am wichtigsten: Der Richter muss das Junior-Handling gern richten, muss mit Freude und Engagement dabei sein und kompetent mit den Regeln umgehen. Ist das nicht der Fall, und das kommt gar nicht so selten vor, erkennen es die Junior-Handler und auch das sachkundige Publikum sehr schnell. Es muss derjenige gewinnen, der seinen Hund und bei einem Wechsel der Hunde einen fremden Hund am vorteilhaftesten präsentiert, also die gewünschte Harmonie zwischen Handler und Hund überzeugend zeigt.

Die folgenden Fehler führen beim Junior-Handling zwangsläufig zu Abzügen in der Bewertung: Das nicht Einhalten

Farbe des Hundes und Kleidung richtig abgestimmt.

der Goldenen Regel, Anweisungen des Richters oder des Ringpersonals nicht zu folgen, die Startnummer nicht sichtbar zu tragen, einen Teil der Leine aus der Hand hängen lassen oder die Leine gar fallen zu lassen, die Rasse oder Teile des Standards seines Hundes nicht zu kennen, die Leine für den Hund nicht zu eng fassen, aber auch nicht zu locker, so dass die Kontrolle über den Hund verloren geht, den Hund in falschem, nicht dem Standard gemäßen Tempo vorführen, den Hund nicht rassegemäß aufbauen oder unfreundlicher Umgang mit dem Hund.

Im Anforderungsprofil für das Junior-Handling finden sich im Übrigen Figuren, die bereits im Zusammenhang mit der Gangwerksprobe im Wettbewerbsring erwähnt wurden, zum Beispiel das Dreieck, das »Up and Down« und der Kreis; dazu kommen weitere Figuren wie das »L« oder das »T«. Alle Figuren sind sehr akkurat zu laufen, beim Wenden darf die Goldene Regel keinesfalls vergessen werden und auch nicht, dass der Hund fast immer mit der linken Hand geführt wird. Jede Hunderasse hat ihre individuelle Laufgeschwindigkeit im Trab, und so muss der Hund auch vorgeführt werden; der übereilte Trab wird bei kaum einer Rasse gefordert, und doch werden Hunde immer wieder so gezeigt, meist zum Nachteil für das gesamte Erscheinungsbild. Langsame oder stehende Hunde dürfen beim Junior-Handling nur nach Erlaubnis des Richters oder des Ringpersonals überholt werden.

Wenn das alles beherzigt und in der Wettkampf-Situation gezeigt wird, steigen die Chancen auf ein erfolgreiches Abschneiden. Eines ist gewiss: Ein guter Junior-Handler wird mit Sicherheit später ein Aussteller sein, an dem der Richter seine Freude hat.

H Juniorhandling-Bewertungsbogen VDH (optional)

Alterklasse: Ort: Datum:

Startnummer	Erscheinungsbild	Zähne zeigen	Stand des Hundes	Frage nach Rasse	»Auf und Ab«	»Dreieck«	»Kreis«	Teamwork	Verhalten zum Hund	Verhalten zum Richter	Für Jugendliche ab 13-18 Jahren »T« oder »L«	Punktzahl gesamt
-	5	10	10	5	10	10	10	10	10	10	10	100

Hinweise auf einschlägige Literatur

Dr. Robert Bandel, *Der Hundeaussteller und sein Richter*, 1975
Juliette Cunliffe, *Showing Your Dog*, Kennel Klub Book 2007
Peggy Grayson, *Good Judgement*, 1997
Peggy Grayson, *Good Showing*, 1999
Emil Hauck, *Die Beurteilung des Hundes*, Wien 1929
Tom Horner, *Take Them Round, Please*, 1975
Elke Peper, *Gutes Handling*, Mürlenbach 1996
Birgit Primig, *Rassehunde perfekt präsentieren*, Nordersted 2010

In Verbands- oder Vereinszeitschriften werden immer wieder die Themen »Ausstellungen« und »Richten« von sachkundigen Autoren behandelt. Beispielsweise schrieben Walther Probst in *Der Foxterrier* 1972 Heft 10 »Der Wert des Richterberichts«; Erika Bolt und Fritz Flückiger »Der lange Weg zum selbstständigen Richter« in *Hunde* 1971 Heft 5; Uwe Fischer über »Grenzen bei der Auslegung von Rassestandards, die gesundheitsschädliche Formulierungen enthalten« *UR* 2/93 f., Peter Beyersdorf zum Thema »Eigentlich sind wir doch selbst schuld« in *UH* 1993/3, Hans Räber »Der Richter im Ring« in *Hunde* 1986/12 und ders. »Der Einfluss des Richters auf den Rassenwandel« 1991/6; diverse Autoren schrieben zum Thema »Hundeausstellungen«: »Schönheit ist nicht alles« in *Hunde* 2010/10 sowie Ursula Känel Kocher »Ziel: Gesunde Hund im Ring« in *Hunde* 2012/2.

Uwe Fischer veröffentlichte in einer VDH-Schriftenreihe »Wie man einen Hund beurteilt«, später hieß die Reihe »Leitfaden für Zuchtrichter«. Auch die Veröffentlichung »Junior Handling – Vorführwettbewerb für Jugendliche« wurde vom VDH mehrfach aktualisiert.

Die Verbandszeitschrift des VDH ist *Unser Rassehund*, die monatlich erscheint, ebenso *Unsere Hunde* des Österreichischen Kynologenverbandes ÖKV und die Monatsschrift der Schweizerischen Kynologischen Gesellschaft SKG *Hunde*.

Wichtige Adressen

Verband für das Deutsche Hundewesen (VDH)
Westfalendamm 174
D-44141 Dortmund
Tel.0231 – 56500-0
Online-Anmeldungen zu Ausstellungen
www.vdh.de/Ausstellerportal

Österreichischer Kynologenverband
(ÖKV)
Siegfried-Marcus-Straße 7
A-2362 Biedermannsdorf
Tel.00432236710667
www.oekv.at

Schweizerische Kynologische Gesellschaft
(SKG)
Brunmattstraße 24
CH-3007 Bern
Tel.004131 3066260
www.skg.ch

Fédération Cynologique Internationale
(FCI)
Generalsekretariat
Place Albert 1er 13
B-6530 Thuin
Tel.0032 71591238
www.fci.be

INDEX